唐汶◎编著

学会选择 学会放弃

Learn to Choose
Learn to Abandon

九州出版社
JIUZHOUPRESS

图书在版编目(CIP)数据

学会选择 学会放弃/唐汶编著;—北京:九州出版社,2010.2
ISBN 978-7-5108-0337-6

Ⅰ.①学… Ⅱ.①唐… Ⅲ.①人生哲学—通俗读物 Ⅳ.①B821-49

中国版本图书馆CIP数据核字(2010)第024514号

学会选择 学会放弃

作　　者	唐　汶　编著
出版发行	九州出版社
出 版 人	徐尚定
地　　址	北京市西城区阜外大街甲35号(100037)
发行电话	(010)68992190/2/3/5/6
网　　址	www.jiuzhoupress.com
电子信箱	jiuzhou@jiuzhoupress.com
印　　刷	三河市祥达印装厂
开　　本	880毫米×1230毫米　32开
印　　张	9
字　　数	204千字
版　　次	2010年3月第1版
印　　次	2010年3月第1次印刷
书　　号	ISBN 978-7-5108-0337-6
定　　价	26.00元

目录

上 篇 从放下开始

中　篇　进退之间

下 篇 相处的学问

上篇

从放下开始

选择放下，必定重拾自我。

选择放下，必定玩转人生。

选择放下，必定主宰生活。

选择放下，必定走向成功。

一根铁钉输掉一场战争

学会了放弃，才拥有一份成熟。

一只倒霉的狐狸被猎人用套子套住了一只爪子，它毫不迟疑地咬断了那只小腿，然后逃命。放弃一只腿而保全一条生命，这是孤独的哲学。人生亦应如此，当生活强迫我们必须付出惨痛的代价以前，主动放弃局部利益而保全整体利益是最明智的选择。智者曰："两弊相衡取其轻，两利相权取其重。"趋利避害，这也正是放弃的实质。

在欧洲，有一首流传很广的民谚：为了得到一根铁钉，我们失去了一块马蹄铁；为了得到一块马蹄铁，我们失去了一匹骏马；为了得到一匹骏马，我们失去一名骑手；为了得到一名骑手，我们失去了一场战争的胜利。

为了一根铁钉而输掉一场战争，这正是不懂得及早放弃的恶果。

生活中，有时不好的境遇会不期而至，搞得我们猝不及防，这时我们更要学会放弃。放弃焦躁性急的心理，安然地等待生活的转机，杨绛在《干校六记》中所记述的，就是面对人生际遇所保持的一种适度的清醒。让自己对生活对人生有一种超然的关照，即使我们达不到这种境界，我们也要在学会放弃中，争取活得洒脱一些。

人之一生，需要我们放弃的东西很多，古人云，鱼和熊掌不可兼得。如果不是我们应该拥有的，我们就要学会放弃。几十年的人生旅途，会有山山水水，风风雨雨，有所得也必然有所失，只有我们学会了放弃，我们才拥有一份成熟，才会活得更加充实，坦然和轻松。

比如大学毕业分手的那一刻，当同窗数载的朋友紧握双手，互相轻声说保重的时候，每个人都止不住泪流满面……放弃一段友谊固然会于心不忍，但是每个人毕竟都有各自的旅程，我们又怎能长相厮守呢？固守着一位朋友，只会挡住我们人生旅程的视线，让我们错过一些更为美好的人生山水。学会放弃，我们就有可能拥有更为广阔的友情天空。

放弃一段恋情也是困难的，尤其是放弃一场刻骨铭心的恋情。但是既然那段岁月已悠然遁去，既然那个背景已渐行渐远，又何必要在一个地点苦苦地守望呢？不如冷静地后退一步，学会放弃，一切又会柳暗花明。

锲而不舍的反面

放弃既是一种理性的表现，也不失为一种豁达美。

“锲而不舍，金石可镂。”这是古人留下的一句著名的治学格言，也是为世人推崇的成才之道。

其实，苦学不辍，持之以恒，只是一个人成才的条件之一，而其他条件，譬如机遇、天赋、爱好、悟性、体质诸项也是缺一不可的。如果你研究某一学问、学习某一技术或从事某一事业确实条件太差，而经过相当的努力仍不见效，那就不妨学会放弃，以求另辟蹊径。

比如学弹钢琴，据统计，北京上海各有10万琴童，全国有多少，不得而知，估计不会少于100万吧！要是光弹着玩玩倒也罢了，可是不，许多家庭都是认认真真地把孩子当个钢琴家来培养的。很多夫妇自认为“这一辈子就这样了”，孩子无论如何也要让他成就一番事业。于是省吃俭用，给孩子置办了一架进口钢琴，立志要培养出一个中国的“肖邦”、“李斯特”。再如高考，一年一度高考风起云涌，一番拼搏，分出高下，几家欢喜几家愁。受教育资源限制，不论你如何锲而不舍，使尽浑身解数，录取率就决定了必然要有近一半的考生自愿或不自愿地放弃上大学的愿望。如果差距不大，偶尔失手，自然不妨厉兵秣马，来年再战；倘若成绩实在差距太大，再考几次也难有多大提高，那就应当机立断，学会放弃。有道是“成才自有千条道，何必都挤独木桥”，大发明家爱迪生不过才小学毕业，照样不耽误人家成名成家，你又何必一条道走到黑呢？或许，你只退这么一步，便会海阔天空。

人生苦短，韶华难留。选准目标，就要锲而不舍，以求“金石可镂”。但若目标不适，或主客观条件不允许，与其蹉跎岁月，师老无功，就不如学会放弃，“见异思迁”。如此，才有可能柳暗花明，再展宏图。班超投笔从戎，鲁迅弃医学文，都是“改换门庭”后而大放异彩的楷模。可见，如果能审时度势，扬长避短，把握时机，放弃，既是一种理性的表现，也不失为一种豁达之举。

生活在五彩缤纷、充满诱惑的世界，每一个心智正常的人，都会有理想、憧憬和追求。否则，他便会胸无大志，自甘平庸，无所建树。然而，历史和现实生活告诉我们：必须学会放弃！

放弃跟对手硬拼

不跟对方硬拼，以自己之强攻其弱，你就能夺取冠军。

学会选择，学会放弃，你才能成为自己的冠军。

一位搏击高手参加锦标赛，自以为稳操胜券，一定可以夺得冠军。

出乎意料之外，在最后的决赛中，他遇到一个实力相当的对手，双方竭尽全力出招攻击。当比赛打到了中途，搏击高手意识到，自己竟然找不到对方招式中的破绽，而对方的攻击却往往能够突破自己防守中的漏洞，有选择地打中自己。

比赛的结果可想而知，这个搏击高手惨败在对方手下，也无法得到冠军的奖杯。

他愤愤不平地找到自己的师傅，一招一式地将对方和他搏击的过程再次演练给师傅看，并请求师傅帮他找出对方招式中的破绽。他决心根据这些破绽，苦练出足以攻克对方的新招，决心在下次比赛时，打倒对方，夺取冠军奖杯。

师傅笑而不语，在地上画了一道线，要他在不能擦掉这道线的情况下，设法让这条线变短。

搏击高手百思不得其解，怎么会有像师傅所说的办法，能使地上的线变短呢？最后，他无可奈何地放弃了思考，转向师傅请教。

师傅在原先那道线的旁边，又画了一道更长的线。两者相比较，原先的那道线，看来变得短了许多。

师傅开口道："夺得冠军的关键，不仅仅在于如何攻击对方的弱点，正如地上的长短线一样，如果你不能在要求的情况下使这条线变短，你就要懂得放弃从这条线上做文章，寻找另一条更长的线。那就是只有你自己变得更强，对方就如原先的那道线一样，也就在相比之下变得较短了。如何使自己更强，才是你需要苦练的根本。"

徒弟恍然大悟。

师傅笑道：搏击要用脑，要学会选择，攻击其弱点，同时要学会放弃，不跟对方硬拼，以自己之强攻其弱，你就能夺取冠军。

在获得成功的过程中，在夺取冠军的道路上，有无数的坎坷与障碍，需要我们去跨越、去征服。人们通常走的路有两条：

一条路是学会选择攻击对手的薄弱环节。正如故事中的那位搏击高手，可找出对方的破绽，给予其致命的一击，用最深奥的技术或技巧，快速解决问题。

另一条路是学会放弃，不跟对方硬拼，全面增强自身实力，在人格上、在知识上、在智慧上、在实力上使自己加倍地成长，变得更加成熟，变得更加强大，以己之强攻敌之弱，使许多问题迎刃而解。

心中的瓶颈

心可以超越困难，可以粉碎障碍，终达成你的期望。

举重项目之一的挺举，有一种“500磅(约227公斤)瓶颈”的说法，也就是说，以人体的体力极限而言，500磅是很难超越的瓶颈。499磅的纪录保持者巴雷里，比赛时所用的杠铃，由于工作人员的失误，实际上超过了500磅。这个消息发布之后，世界上有六位举重好手在一瞬间就举起了一直未能突破的500磅杠铃。

有一位撑竿跳高的选手，一直苦练都无法越过某一个高度。他失望地对教练说：“我实在是跳不过去。”

教练问：“你心里在想什么？”

他说：“我一冲到起跳线时，看到那个高度，就觉得我跳不过去。”

教练告诉他：“你一定可以跳过去。把你的心从竿上摔过去，你的身子也一定会跟着过去。”

他撑起竿又跳了一次，果然跃过。

心，可以超越困难，可以突破阻挠；心，可以粉碎障碍；心，终会达成你的期望。

所谓瓶颈，其实只是心理作用。你有生活瓶颈吗？

一个人的生活罗盘经常失灵，日复一日，有多少好人在迷宫般的、无法预测也乏人指引的茫茫职场中失去了方向。他们不断触礁，可是别人却技高一筹地继续航行，安然度过每天的挑战，平安抵达成功的彼岸。为了维持正确的航线，为了不被沿途意想不到的障碍和陷阱困住或吞噬，你需要一个可靠的内部导引系统，一具有用的罗盘，为你在职场困境中指引出一条通往成功的康庄大道。可悲的是，太多人从未抵达终点，因为他们借助失灵的罗盘来航行。这坏掉的罗盘可能是扭曲的是非感，或蒙蔽的价值观，或自私自利的意图，或是未能设定目标，或是无法分辨轻重缓急，简直不胜枚举。聪明人利用罗盘，可以获致恒久的成功；有智能的卓越人士，选择可靠的路线，坚定地向前行进，可以度过周围的危险，安抵终点。

蒂娜很小的时候就发现自己对科学的热爱，念书时，每到自然课她就如鱼得水。后来她继续升学，直到大学化学系毕业。她的第一份工作也和实验工作有关，这是让她最有归属感，也最能伸展抱负的领域。蒂娜不仅完成了老板交付的所有工作，还自动加倍做事，她一大早就去上班，留到很晚还不下班，就连周末都跑到实验室加班。

在这个职位做了几年以后，蒂娜变得不安起来，因为这个职务的挑战性，并未随着她知识的成长而拓展。由于无法找到适合她的挑战，蒂娜决定回到校园继续深造。在研究所攻读的蒂娜，学到了一种新的技术，这门新兴的科学令她十分着迷，她写的硕士论文便是以此为题。她发表的论文让她声名大噪，一毕业就接到好几家公司所提供的十分吸引人的工作机会。她接受了一家公司的邀约，因为他们让她有机会应用所学，继续进行商业性的研究。蒂娜很满意这个职位，表现优异且绩效卓著，她的工作为雇主带来高经济效益的技术突破。为了奖励她卓越的成就，高层决定将蒂娜升为实验部门的主管，这是一个收入丰厚、位高权重，但也肩负重责大任的职位。

蒂娜在新的角色中负责管理其他研究人员的工作，这是她第一次担负管理工作，包括准备工作日志、指导绩效评估、处理监督事宜、企划等。她花在实验室的时间减少了，留在办公室处理公文、打电话、与人互动的机会却增多了，另外还有冗长的会议，蒂娜最厌恶的就是开会。她开始怀念起过去的日子，觉得那时她是多么的生气勃勃又充满了挑战，金钱和名望已不足以弥补这个遗憾。

每天都有许多困惑不安的人，鱼贯进出心理治疗师的诊疗室，因为他们根本拒绝接受人生的定律，你不可以吃着碗里，还望着锅里，鱼与熊掌是无法兼得的，这是千古不变的至理名言，蒂娜既想要她所热爱的有趣且富挑战性的工作，又想要升官发财，加薪、名望、权势，但她不可能全都兼得。

我们太庸人自扰，因为我们拒绝面对一个简单的事实：世事不可能尽如人意。我们日复一日作茧自缚、陷入苦恼，因为追求一个愿望，却造成另一个愿望无法达成，还拒绝调整自己接受这个事实。

蒂娜的罗盘就是这样坏掉的，它同时指向两个背道而驰的方向，因此让她感到困惑。蒂娜需要一个仅仅指向单一方向的罗盘，一个值得让她继续前进的方向。

聪明人的心理是：清楚追寻的目标，决定优先的顺序。曾经有个电视广告，里头有位忙碌的职业妇女，开车接她的小女儿放学回家，她告诉小女孩："我过几天要离家出差。"小女孩流露出非常失望的表情，因为这样母亲就无法参加她在学校的戏剧演出。

这位母亲试着安慰女儿说："你喜欢你拥有的一切，还有我们的大轿车，你也希望我们能住更大的房子，对不对？"孩子想了一下，然后回答："我们真需要一栋更大的房子吗？"

这个孩子的问题其实并不幼稚，只是天真烂漫却又一针见血，但在坦诚面对事实，必须从两个无法兼得的渴望中择一时，又显得格外成熟。这就是聪明人的做法，他们诚实面对这两种抉择的结果，弄清楚哪个目标才是他们更期望的。

选择做事而非守成。蒙纳翰因建立达美乐比萨连锁而成为百万富翁，1980年的某一天，他前往求见全球最大餐饮连锁麦当劳的发起者柯罗克。柯罗克在蒙纳翰眼中不仅是经营奇才，也是他效法的对象，坐在柯罗克的办公室里，他对蒙纳翰说："你现在已经功成名就了，不妨保险一点，每年再多开个几间店，但别为了生意让自己惹上麻烦。"

蒙纳翰大为震惊，不敢相信自己如此崇拜的企业家，竟会说出这样的话，这和他心目中柯罗克的信念是背道而驰的。控制不住自己的蒙纳翰脱口喊出："但这样就没有意思了！"

房间内在一段长长的寂静之后，柯罗克的脸上绽放了开心的笑颜，跳起身来，从桌后走出，握住蒙纳翰的手："这正是我希望听你说的话。"

以扑灭油田大火而闻名于世的亚戴尔，他的公司在伊拉克军队被击退时，曾被派遣扑灭科威特的油田大火。他对这样一个重要的真理可是一点也不陌生。他是这样说的："人生不是'把'事情做好，而是'努力把'事情做好。每项艰巨的任务，都需要坚毅的意志力和努力，每个行动都能使人成长且更为坚强。"

蒂娜很幸运，能尝到实验室工作和监督管理职责的不同滋味，并从中明白了两种工作的性质，让她做出有凭有据的选择。因为彷徨困惑得愈久，她就会变得愈来愈僵化，误以为她可以两者兼得，既能做爱做的工作，又可以享有她想要的许多附加边际效益。

希望蒂娜不必因为财务负担的考虑，或陷入人际关系的泥沼，而阻挠她回到热爱的实验室工作。

莱尔在大学时主修矿冶工程，一出校门就进入在家乡颇具规模的一家矿业公司，他接受了这份工作，认为这是最理想的状况，能和所有亲友生活和任职于同一个社区。莱尔工作非常勤奋，表现优异，升迁迅速，雇主对他的工作感到十分满意，高层主管认为他是深具潜力的员工，可以接受更重要的职责。

在不同职位工作了七年以后，莱尔碰到一个难得的机会：位于南美一处新矿场的厂务经理空缺，是那里的第二号人物。管理阶层希望训练莱尔，在未来的三至五年之内，让他登上这座新厂的头号宝座。莱尔在考虑这个机会的时候，想到了其中的挑战，身处异域的情境，还有他将会远离友人和熟悉环境的事实。他的朋友和家人都清楚地向他表示，希望他留下来。

你是追随探险的脚步，踏入未知的领域，还是留在安全又熟悉的环境呢？莱尔必须选择一个方向，聪明人的做法是自己做决定，不是让别人帮他做决定。

人们经常想要两样背道而驰的事情，让别人或外力帮他们做不同的选择。每当发生这样的事时，人们就削弱了自己的能力，因为他无法完全主宰自己的生活。这是莱尔的挑战：身为成年人，他必须为自己下决定，找出自己的道路。

莱尔的罗盘坏掉了，因为它指向安逸舒适的区域，总有一天会让他陷入“落选者”和“早知如此”的后悔之中。莱尔需要一个能够指引他通往自决目标的罗盘，而不是顺从别人的意思。

密尔敦·赫尔申在45岁以前就是富翁了，他生产的糖果大发利市，早在1901年就能把焦糖销售生意做到一百万美元以上的高营业额。是的，你可以说密尔敦的人生真是夫复何求，既有健康、财富，又有年轻貌美的娇妻。密尔敦也想过干脆拿钱退休，安享余生。

但密尔敦并不以此为满足，就这样坐在摇椅上，安逸地享用他的财富，这根本不是他心目中的享受。他是一位开创者，脑中还有更伟大的事业要开创，他就是在那时决定以新的品牌，大举进军巧克力事业的，“不是为了可能赚到的钱，”密尔敦说，“而是为了从事值得做的事业所能获得的满足感。”就是这种成就深具影响力之大事业的满足感，让密尔敦建立了无数成功的事业。

在莱尔的情况里，他所需要的东西其实很简单，就是诚实，那是他需要思考的。他如果能扪心自问哪种选择才是正确的路径，就会走上正轨。莱尔如果表现得够成熟，就会继续茁壮。他应该从这样的角度去考虑：这是我的选择，我必须自己去过自己的生活，我应该为自己做出正确的抉择，我将选择挑战，这样我才能放弃熟悉安全的环境，扬名异域。

清醒剂

> 如果抓住想要的东西不放，甚至贪得无厌，就会带来无尽的压力，甚至毁灭。

晋代陆机《猛虎行》有云："渴不饮盗泉水，热不息恶木荫则。"讲的就是在诱惑面前的一种放弃、一种清醒。

以虎门销烟闻名中外的清朝封疆大吏林则徐，便深谙放弃的道理。他以"无欲则刚"为座右铭，历官40年，在权力、金钱、美色面前做到了洁身自好。他教育两个儿子"切勿仰仗乃父的势力"，实则也是本人处世的准则；他在《自定分析家产书》中说："田地家产折价三百银有零"、"况目下均无现银可分"，其廉洁之状可见一斑；他终其一生，从来没有沾染拥姬纳妾之俗，在高官重臣之中恐怕也是少见的。

在我们的现实生活中，也需要有一种放弃的清醒。其实，在物欲横流、灯红酒绿的今天，摆在每个人面前的诱惑实在太多，特别是对有权者来说，可谓"得来全不费工夫"。这就需要保持清醒的头脑，勇于放弃。如果抓住想要的东西不放，甚至贪得无厌，就会带来无尽的压力、痛苦不安，甚至毁灭自己。

人生是复杂的，有时又很简单，甚至简单到只有取得和放弃。应该取得的完全可以理直气壮，不该取得的则当毅然放弃。取得往往容易心地坦然，而放弃则需要巨大的勇气。若想驾驭好生命之舟，每个人都面临着一个永恒的课题：学会放弃！

俄国作家托尔斯泰写过一短篇故事：有个农夫，每天早出晚归地耕种一小片贫瘠的土地，但收成很少；一位天使可怜农夫的境遇，就对农夫说，只要他能不断往前跑，他跑过的所有地方，不管多大，那些土地就全部归他所有。

于是，农夫兴奋地向前跑，一直跑、一直不停地跑！跑累了，想停下来休息，然而，一想到家里的妻子、儿女，都需要更大的土地来耕作、来赚钱啊！所以，他又拼命地再往前跑！真的累了，农夫上气不接下气，实在跑不动了！

可是，农夫又想到将来年纪大，可能乏人照顾、需要钱，就再打起精神，不顾气喘不已的身子，再奋力向前跑！

最后，他体力不支，“咚”地倒躺在地上，死了！

的确，人活在世上，必须努力奋斗；但是，当我们为了自己、为了子女、为了有更好的生活而必须不断地“往前跑”、不断地“拼命赚钱”时，也必须清楚知道有时该是“往回跑的时候了”！因为妻子、儿女正眼巴巴地倚着门等你回来呢！

“快往回跑、回来呀！”你再不“往回跑”，可能大家都再也见不到面了！

有所为有所不为

想获得某种超常的发挥,就必须扬弃许多东西。

中国有句古话:有所为就有所不为。有所得,就必有所失。什么都想得到,只能是生活中的侏儒。要想获得某种超常的发挥,就必须扬弃许多东西。瞎子的耳朵最灵,因为眼睛看不见,他必须竖着耳朵听,久而久之,耳朵功能达到了超常的功能。会计的心算能力最差,2加3也要用算盘打一遍, 而摆地摊的则是速算专家。生活中也一样,当你的某种功能充分发挥时,其他功能就可能退化。

世间行业千千万万,哪行做好了都能赚钱。每天都有企业垮台、破产,每天同样也有新的企业诞生。经营任何一种行业的商人,你应经营你熟悉的主业,把它研究深、透,方能成为该行业的老大。

作为一个成熟的商人,你要学会放弃,那些你不熟悉的行业,千万不要轻易进入,别人在赚钱,不要眼红心动,否则,今天的投资,意味着明天的垮台!

商人们千万不要有了点钱,就认为什么生意都可做,什么行业的钱都想赚!

很多人都梦想能拥有一份好工作,这份工作最好是能带来财富、名声、地位,为人称羡。但事实上,在激烈的市场竞争中,已经没有哪一种工作是真正的热门行业，无论何种工作，都无法提供完全的保障。那么如何以不变应万变，取得一份较为实际同时又富含理想色彩的工作呢？以下建议，你不妨一试：

放长线钓大鱼。求职就业，你不必总是盯着“热门”。过去是三百六十行，现在的行当更多，但没有一种是永远的热门职业。而且随着社会的变迁，旧的行业在不断消失，新的行业又不断产生。近10年来，就业市场中冒出不少新兴行业，像投资顾问、房屋中介经纪人、自由工作者等等，都吸引了大批就业人口。而一种新兴的职业之所以能在就业市场中独领风骚，是与社会经济发展和人们就业观念的转变息息相关的。一开始，它也许并不是热门，只是追求的人多了，才成了时尚。如果这时你想介入该行业，就应当充分考虑你的兴趣、能力，你的就业磨合期、收益时限以及这一职业的未来前景。

其实，如今整个社会对于“职业贵贱”的观念愈来愈淡，那些过去被人视为“下等人”干的工作，现在反而更能锻炼人的本领，发挥出个人的潜力。西方国家的许多大学毕业生，一开始没有多少是按专业对口工作的，很多人是从推销员、收银员乃至在餐厅打工起步，然后一步步走上新的岗位。比起“抢短线”的激进行为，在择业中搞“长线投资”似乎更为理智、更具个性。

以智能求生存。时代在变，社会在变，我们正在从事的工作也在不断变化，如何让自己成为就业市场的“常胜将军”呢？你需要的是不断“充电”。除了本行工作，你还应当熟知一些专业以外的事务。不仅要成为专门人才，还要把自己塑造成一个适合时代发展的复合型人才。这样，你才能适应就业市场的需求。

个人主导生活。为了求得一份收入丰厚的工作，有不少人放弃了个人的兴趣追求。工作时往往超负荷运转，个人空间极小。从社会对劳动力的不同需求来看，这种选择无可厚非。但这往往并不是人们心目中最理想的选择。赚钱当然是必要的，但人们除了工作之外，对其他事物也有追求，如自由的时间、良好的健康、满意的人际关系和幸福的家庭等等。因此，一份相对自由的、能充分发挥个人聪明才智的工作将越来越成为人们的首选择业目标。这样，人们就可能拥有更多灵活的时间，弹性安排自已的生活。这样的工作才是个性化的、理想的工作。

股市如人生

放弃其实是为了更好地得到，是在扬弃中进行新一轮的进取，绝不是三心二意。

看着人家的股票直往上走高，整个股市牛气冲天，偏偏自己的几只股却被套牢了。想当初刚买下时也是一路上涨，本打算到一个价位就出货，看看势头那么好，就又捂了几天，谁想后来就开始跌；只是犹豫了一下，就跌回了买价。想到原本是可以赚到一笔的，此时出手实在不甘，于是再等等，就这样套了下去，一路还不停地按股市专家的教导在低位补货，直至资金全部用尽，直至被深深套牢。看着股市人气旺盛，一片翻红，也心仪其中几只，无奈资金被占用光了，若将手中的抛出去，总觉得亏损太多，心有不甘，只好“望洋兴叹”。

其实，如果放弃手中的，在别的股票上重新投资，以盈补亏，未必不是一个补救的办法，何必要一直死守着呢？中国的股市，向来讲行情，一轮一轮的，此起彼伏，一个个概念股轮着炒，大势已去时，及时回头，该抽手时就抽手，也许早就赚回来了。

不只炒股，生活也如此。人生就像投资，婚姻、工作、投资项目等等。有一个大学时的高材生，经过一段社会历练后，以前的那股锐气和豪情壮志自然是没有了，而是被磨炼、被累得一副不堪重负的样子。他怨自己当初进错了行业，到了一个不具有自己优势的陌生行业。

问他为什么不换换呢？他说，干了这么多年，付出了那么多，放弃这些，再从零做起，觉得亏。“放弃了，以前不是白干了？”眼里满是“何必当初”的绝望。所以坚守，一直坚守，十年前如此，五年前如此，如今更要不甘了。唯有死抗下去，绝不回头，听来多么英雄气长。何况还有疑虑：放弃了，再做别的，就一定能成功吗？所以他还是选择了等待。而他很多熟悉的朋友从零起步，现在已是大有所为。而他的一位同学，五年前辞去一份收入不菲的工作开始创业，现在已做到数千万资产的公司老板了。

其实，放弃之所以难做到，是因为它看来就是承认失败、就是认输。在我们所受的教育里，强者是不认输的。所以我们常常被一些高昂而英雄气的光彩词语所激励，以不屈不挠、坚定不移的精神和意志坚持到底，永不言悔。是的，人需要百折不回，要有坚强的意志和毅力向目标而奋斗。但是，奋斗的内涵不仅是英雄不言悔、不屈不挠地对原来的目标坚定不移、忠诚不渝，人生的道路还常常需要修正目标、调校方位，在死胡同坚持走到底的并不是英雄，死不认输只会毁掉自己。这种人连自己的心结都没有胜过，怎么可能成为强者，成为英雄？不过是畏惧失败、没有自信罢了。

真正的强者，还要学会认输、学会放弃。放弃了才能再做新的，才有机会获得成功。这样的放弃其实是为了得到，是在扬弃中开始新一轮的进取，绝不是低层次的三心二意。拿得起，也要放得下；反过来，放得下，才能拿得起。荒漠中的行者知道什么情况下必须扔掉过重的行裹，以减轻负担、保存体力，努力走出困境而求生。该扔的就得扔，生存都不能保证的坚持是没有意义的。

如果知道自己摸到的是一手臭牌，就不要再希望这一盘是赢家；在陷进泥潭时，要知道及时爬起来远远地离开那里；在被狗咬了一口时，不要去下决心也咬狗一口；被蚊子咬了后，不会到蚊子法庭去讨回公道；上错了公共汽车时，要及时地下车，去上另外的一辆。会认输是基本的生活常识，人不仅要知道进取，也要学会认输，知道放弃。进取和放弃同样重要。

当一项投资的失败成为不争的事实，及时放弃，将损失控制在最小范围，实际上是当时最好的“盈利”——虽然没有绝对值上的盈利，但是，却不会继续加大损失。所以，聪明的炒股人会设定一个止损点，到了这个点，就停止继续追加投资；所以，会有“割肉”、“断臂”、甚至“斩腰”等等。所以，不仅要果断买入，也要及时地卖出，要学会斩仓。讲股市技术分析的老师在课堂上反复强调这一点。

把钱投出去是投资，停止投资也是一种投资，是更高层次的投资。承认失败，及时收手，可能再展开新一轮的投资。人生如此，办企业也如此。

还有一种情况。像人的生命一样，产品也有生命周期，分投入期、成长期、成熟期、衰退期。当产品走入衰退期时，企业要做的是什么呢?一厢情愿地等待市场转机、拼命地去推销它，还是及时分析市场，调整产品战略，开发新产品？有时候，人们对当初为自己带来过巨额收益的产品总会恋恋不舍，希望奇迹能发生，期盼风光再现。然而，过去的好时光是不会重现的。

当年的福特车，那黑色宽大的T型福特车曾是多么风光！它占据了几乎全部的美国市场，但在几年的供不应求之后却不可避免地走了下坡路。由于福特公司没有及时更新换代，开发新产品，以至将市场拱手让给了通用的新车型；而通用也因同样的错误将市场让给了节能的日本小型车，这已成了管理的经典案例。

错过花，你将收获雨

在落泪前留下身影，将昨天埋在心底，有个轻松的开始。

许多的事情，总是在经历过以后才会懂得。一如感情，痛过了，才会懂得如何保护自己；傻过了，才会懂得适时的坚持与放弃，在得到与失去中我们慢慢地认识自己。其实，生活并不需要这些无谓的执著，没有什么就真的不能割舍。学会放弃，生活会更容易。

学会放弃，在落泪以前转身离去，留下简单的背影；学会放弃，将昨天埋在心底，留下最美的回忆；学会放弃，让彼此都能有个更轻松的开始，遍体鳞伤的爱并不一定就刻骨铭心。这一程情深缘浅，走到今天，已经不容易，轻轻地抽出手，说声再见，真的很感谢，这一路上有你。曾说过爱你的，今天，仍是爱你。只是，爱你，却不能与你在一起。一如爱那原野的火百合，爱它，却不能携它归去。

每一份感情都很美，每一程相伴也都令人迷醉。是不能拥有的遗憾让我们更感缱绻；是夜半无眠的思念让我们更觉留恋。感情是一份没有答案的问卷，苦苦的追寻并不能让生活更圆满。也许一点遗憾，一丝伤感，会让这份答卷更隽永，也更久远。

收拾起心情，继续走吧，错过花，你将收获雨；错过她，我才遇到了你。继续走吧，你终将收获自己的美丽。

爱情没有永久保证书。有个男士饱受一位前女友骚扰，骚扰范围之广，等于古代的“诛九族”，所有亲戚朋友都备受这位不甘离去的女友的电话恐吓。后来他亲自去恳谈和解时才发现，原来他的前女友已经有新的同居人——她自己有新欢，但就是不让他轻松自如。新的已来，旧爱还不愿割去。

最近还有一个令人震惊的例子，一位在婚姻关系中不断有外遇的丈夫，在因前妻以验伤单为由诉请离婚后，过了几年还来泼前妻硫酸，导致前妻一眼失明，全身百分之四十烧伤。她失去工作，严重地破了相，更必须抚养两个孩子，还在担心因伤害罪入狱的前夫假释出狱，继续伤害她。更可怕的是她的前夫沾沾自喜地叫人来传话：“现在你没人要了吧，我还是可以要你，你乖乖把孩子带回来……”

一个永远不想失去你的人，未必是爱你的人，未必对你忠心耿耿，有时只是这种脑袋不清醒的强烈占有欲者，他们才会做出各种“损人不利己”的事情，还如此理所当然。

在心中如果有“曾经拥有就永远不要失去”的偏执狂与占有欲，越想要获得爱的永久保证书，只会越走越偏离。

谁说喜欢一样东西就一定要得到它。有时候，有些人，为了得到他喜欢的东西，殚精竭虑，费尽心机，更甚者可能会不择手段，以至走向极端。也许他得到了他喜欢的东西，但是在他追逐的过程中，失去的东西也无法计算，他付出的代价是其得到的东西所无法弥补的。也许那代价是沉重的，直到最后才会被他发现罢了。其实喜欢一样东西，不一定要得到它。

有时候为了强求一样东西而令自己的身心都疲惫不堪，是很不划算的。再者，有些东西是“只可远观而不可近瞧的”，一旦你得到了它，日子一久你可能会发现其实它并不如原本想象中的那么好。如果你再发现你失去的和放弃的东西更珍贵的时候，我想你一定会懊恼不已。所以也常有这样的一句话“得不到的东西永远是最好的”。所以当你喜欢一样东西时，得到它并不是你最明智的选择。

谁说喜欢一个人就一定要和他在一起。有时候，有些人，为了能和自己所喜欢的人在一起，他们不惜使用“一哭二闹三上吊”这种最原始的办法，想以此挽留爱人。也许这留住了爱人的人，但是这却留不住他的心。更有甚者，为了这而赔上了自己那年轻而又灿烂的生命，可能这会唤起爱人的回应吧，但是这也带给了他更多的内疚与自责，还有不安，从此快乐就会和他挥手告别。其实喜欢一个人，并不一定要和他在一起，虽然有人常说“不在乎天长地久，只在乎曾经拥有”，但是并不是所有的人都会快乐。喜欢一个人，最重要的是让他快乐，因为他的喜怒哀乐都会牵动你的心绪。所以也有这样一句话“你快乐，所以我快乐。”因此，当你喜欢一个人时，暗恋也不失为上策。

有一首歌这样唱：“原来暗恋也很快乐，至少不会毫无选择”；“为何从不觉得感情的事多难负荷，不想占有就不会太坎坷”；“不管你的心是谁的，我也不会受到挫折，只想做个安静的过客。”所以，无论是喜欢一样东西也好，喜欢一个人也罢，与其让自己负累，还不如轻松地面对，即使有一天放弃或者离开，你也学会了平静。

喜欢一样东西，就要学会欣赏它，珍惜它，使它更弥足珍贵。

喜欢一个人，就要让他快乐，让他幸福，使那份感情更诚挚。如果你做不到，那你还是放手吧，所以有时候，有些人，也要学会放弃，因为放弃也是一种美丽。

放弃就是跨越

能够放弃是一种跨越，当你能够放弃一切做到简单从容活着的时候，你生命的低谷就过去了。

生命和死亡一直是一个很沉重的话题，下面是一个人讲述了发生在他身上的故事：

第一次面对死亡是在14岁，爷爷过世那年，第一次感到在生死之间我们真的是无能为力的，生命在那时告诉我的就是人类的渺小和卑微，没有我们能够留住的东西，几十年的生命都留不住，更不要说稍纵即逝的一种感觉。

20岁那年，无休止的生病，整整一年的时间，亲情一层一层地把我跟外面隔离。那是一个冬天的夜晚，我打翻了药瓶，一千多粒的白色药片（维C）洒满了房间，它们躺在地上对我露出阴冷的笑容，我跪在冰凉的水泥地上，边拣边哭，那时，我对生命厌倦了，我看见了天堂里的春天，于是，我吃下了几个月才吃得下的药片后还割了手腕，这是我第二次自杀。

在我昏迷了两天之后被救了过来，醒来的时候，我看见的是一个洁白的世界和那么多带着泪水的笑脸，很多亲人同学都在我的身边，那是我第一次看见我刚毅的父亲抱着我痛哭，父亲的憔悴，母亲的悲痛欲绝，奶奶的病倒，我在那一刹那明白了生命其实不是我一个人的。

活着，是一种责任，对每一个爱我的人来说，活着就是对他们最根本最完整的报答，生命不是我们自己的，没有权利选择生的我们也没有权利选择死，这不仅仅是因为道德良知，最重要的就是要有爱，爱自己，爱别人，这才是生命的意义。

同时我也知道生命是顽强的，在我一次一次摧残它的时候，它一如既往宽容地接纳了我，对生命，我有了一种感激。

真正让我感到生命的脆弱是在去年，我也体会到了顽强的毅力更重要，那时我唯一的侄儿在出世时就注射的预防天花的疫苗没有起效，在几十万分之一的概率里被感染了，那时，他才一周岁多一点，很小很小的一个孩子，那是炎热的夏季，医生说：主要的还是要靠他自己的免疫能力，他的浑身上下一直到嘴唇和舌头里都长满了水泡，不能吃饭，不能说话，还不能哭，泪水会软化面部的水疱，如水疱破了，感染到细菌了，就容易感染白血病；还不能发烧，如果烧到40度就伤到脑神经了。

我们耐心地跟他说这些道理，出世才几百个日子的他竟然能够懂，他不哭，他的泪水满了眼眶就自己用手帕拭去，他还要忍着痛吃饭，增强体质，那整整 3 个月，我们就每时每刻守着他，因为水疱很痒，怕他不小心自己用手抓破了，那时，白血病像一个魔鬼似的缠绕在我们的心头，令我们恐惧，对生命，我们充满了悲愤，上苍竟然将如此剧痛降临在一个幼儿身上，这真是不公平，而我们竟然无能为力。

那些个日子，全家所有的人都近乎崩溃，我们都哭，可他连哭的权利都没有，他就那么用他小小柔弱的身体承受着，终于走了过来。

就是这个孩子，他让我为自己曾经的做法而羞愧，我也是从他的身上感受到了当年在病榻前我亲人的心情，那一种痛是钻心的，从他的身上我懂得了要爱惜生命，因为我看到了他的坚强，他让我在一年之后写下这件事的时候，仍是泪流满面，因为生命的来之不易。

前些日子，夜半，接到一个朋友的电话，说，累了，真的，真的不想活了，她说，死是一种解脱。是的，死仅仅对去了的人来说是一种解脱，而留下的人呢？因为你解脱了所带给他们的痛苦大于你生存的痛苦，这是一种极其不负责任的行为，属于你的苦你就要承受，无论是生是死，你都不能把它们加到那些爱你关心你的人身上，因为爱毕竟没有错，活着，在你最不堪的时候，你只要做到仅仅是活着就够了，死亡只是一种诱惑，它不是牵引，什么都可以放弃，唯有生命不能。

生命是那么的脆弱，战争，疾病，车祸，事故，伤害，每天都有那么多向往阳光和空气的人在无辜地接受死亡，那是一种不得以，而我们能够平安地生活在自己的家园里，享受着家人带来的温暖，我们还有什么理由放弃生命呢？

再去看看那么多贫困的地方，那些难民，以及很多山区连温饱都解决不了的人们，他们不屈不挠地和死亡斗争着。还有我们身边很多人，那些在烈日下出卖廉价劳动力的车夫们，拖儿带女，生命都是一样的，没有贵贱之分，他们不是苟且偷生，他们是认真地对待生命，相比之下，我们却是那么的懦弱和贪婪，我们漠视生命的尊严。

生命原本是简单的，很多东西我们要学会放弃，包括死亡。

能够放弃就是一种跨越，当你能够放弃一切做到简单从容地活着的时候，你生命里的低谷就过去了。

识时务者为俊杰

只管走过去，不要逗留着去采了花朵来保存，因为一路上，花朵会继续开放的。

“识时务者为俊杰”这句至理名言，历来被视为有逃避、变节的嫌疑，其实不然。小到个人的自我设计，大到国家的大政方针，随着内部条件和外部环境的变化，难免要做出调整、改变，甚至于不得不放弃。知难而进者固然可喜；审时度势，善于放弃更难能可贵！

鲁迅是万人敬仰的大文豪。当初他曾选择了学医救国的道路。但当他认识到要拯救中华，只有先拯救国人那麻木的灵魂时，便毅然放弃了他的最初选择，弃医从文，拿起笔杆子同敌人作殊死斗争。试想，如果没有他的放弃，无数的国民能战胜愚昧，争来今天的幸福生活吗？可见，放弃可以使生命得到升华，甚至可以造福万民。放弃也是一种大智。

邓亚萍为了在体育生涯上再创辉煌，放弃了安逸的生活，克服种种困难，进行超强的训练，弥补了自身先天的不足，在国际大赛中多次夺冠。她的有所放弃，不仅使她实现了自己的理想，也为我们树立了榜样。

今天的放弃，是为了明天的得到。干事业的人不会计较一时的得失。

苦苦地挽留夕阳，是傻人；久久地感伤春光，是蠢人。什么也不放弃的人，往往会失去更珍贵的东西。舍不得家庭的温馨，就会羁绊启程的脚步；迷恋手中的鲜花，很可能就耽误了你美好的青春。

人生旅途上要学会珍惜，珍惜自己在学业、事业上取得的哪怕是极其微小的成绩和荣誉，因为任何微小的成绩和荣誉都来之不易，都曾为之付出过艰辛。俗话说“聚沙成塔”、“滴水成冰”，都含有“积少成多”这样一个简单、朴素的辩证法。我们在前进过程中的每一个进步，都是可贵的。珍惜它，就是珍惜自己的劳动，就是珍惜自己生命的进程。

然而，人生路途上只学会珍惜是不够的，还要学会放弃。这个“放弃”不是通常所说的“丢掉”，它的特定含义是，提醒自己不要过于迷恋已经取得的哪怕是相当显著的成绩和荣誉，不要因对已经取得的成绩和荣誉沾沾自喜而耽误了向前赶路，去摘取更为辉煌的人生成果。俗语“山外有山，楼外有楼”就是告诫人们不要自满，不要停止继续进取的步伐。

泰戈尔在《飞鸟集》中写道：“只管走过去，不要逗留着去采了花朵来保存，因为一路上，花朵会继续开放的。”

为采集眼前的花朵而花费太多的时间和精力是不值得的，道路正长，前面尚有更多的花朵，让我们一路走下去……

曾经有这样一个故事：古时候，一个少年背负着一个砂锅前行，不小心绳子断了，砂锅也掉到地上碎了，可是少年却头也不回地继续前行。路人喊住少年问：“你不知道你的砂锅碎了吗？”少年回答：“知道。”路人又问：“那为什么不回头看看？”少年说：“已经碎了，回头何益？”说罢继续赶路。听完这个故事，不知道你有没有一点感悟。这个少年是对的，既然砂锅已经碎了，回头看又有什么用呢？

这正如人生中的许多失败一样，已经无法挽回，再去惋惜悔恨也于事无补。与其在痛苦中挣扎浪费时间，还不如重新找到一个目标，再一次奋发努力。还是让我们学会放弃吧！像那个少年一样。不要因为失败而作无谓的自责和叹息。当我们真正学会放弃时，会发现那才是一种真正的超越，一种真正的战胜自我的强者姿态。

还曾经有一个故事：一个人被一块巨石压在了荒野里，为了求生，他把压在巨石下的右腿砸断，然后爬出去，获救了。

也许有时我们只看到了放弃时的痛苦，而忘记了那些如果我们不放弃就会得到的更大的痛苦。所以我们要学会放弃。

有一首诗是这样写的：

一个杯子，原来装的是快乐、苦闷
已经装的太满了，很沉，很重，很累
沉重得让人喘不过气来，因为是太满
满的杯子就是更多欢乐也装不进去
倒进最美丽的动人东西也会溢出来。

烟花，只有那一瞬间美丽
在瞬间，你多想弄明白看清楚牢记
但是，那只是瞬间的美丽，很快消失
在人生的长河里，有多少瞬间美丽
看不清，弄不明，为什么不该放弃
要知道，朦胧的最美，得不到的最回味
是啊，为什么就那么认真呢？
是啊，为什么就是学不会放弃呢？

学会了放弃，感觉真好，坦然相对
有一点酸，有一点苦，有一点疼痛

但，有更多的是轻松，愉快，欢乐
学会放弃，将杯子里的东西倒干净
学会放弃，一个空杯子很轻松愉快
学会放弃，空杯子可以装下新东西
学会放弃，轻装上阵接纳新鲜事物
学会放弃，拥抱朝阳迎接美好，明天

用不完金币的穷人

对于饥饿的人来说，选择金钱可以拯救生命；对于贪婪的人来说，选择金钱等于自杀。

有一个哲人的故事：

在一间很破的屋子里，有一个穷人，他穷得连床也没有，只好躺在一张长凳上。

穷人自言自语地说："我真想发财呀，如果我发了财，决不做吝啬鬼……"

这时候，上帝在穷人的身旁出现了，说道："好吧，我就让你发财吧，我会给你一个有魔力的钱袋。"

上帝又说："这钱袋里永远有一块金币，是拿不完的。但是，你要注意，在你觉得够了时，要把钱袋扔掉才可以开始花钱。"

说完，上帝就不见了。在穷人的身边，真的有了一个钱袋，里面装着一块金币。穷人把那块金币拿出来，里面又有了一块。于是，穷人不断地往外拿金币。穷人一直拿了整整一个晚上，金币已有一大堆了。他想：啊，这些钱已经够我用一辈子了。

到了第二天，他很饿，很想去买面包吃。但是，在他花钱以前，必须扔掉那个钱袋。于是，他拎着钱袋向河边走去。

他又开始从钱袋里往外拿钱。每次当他想把钱袋扔掉时，总觉得钱还不够多。

日子一天天过去了，穷人完全可以去买吃的、买房子、买最豪华的车子。可是，他对自己说："还是等钱再多一些吧。"

他不吃不喝地拿，金币已经快堆满一屋子了。同时，他也变得又瘦又弱，头发也全白了，脸色蜡黄。

他虚弱地说："我不能把钱袋扔掉，金币还在源源不断地出来啊！"

终于，他倒了下去，死在了他的长凳上。

可悲！可叹！

弱者回首就变强

面对困难和死亡，人不应在困难中倒下，要努力在死亡中挺起，哪怕是不可抗拒的天灾人祸，哪怕是你弱小得奄奄一息。

在强者面前懂得放弃的人，表面上是弱者，其实他才是真正的强者，因为他学会了正确地去选择。

《动物世界》中，有这样一个场景：

一群迁徙的野牛在行进途中，突遭数只猎豹的袭击。刚才还是悠然自得的牛群顿时像炸了窝的马蜂，惊恐得四处奔逃，躲避着猎豹，逃脱着死亡。一只只野牛在奔逃中被扑倒，没有搏斗，挣扎也是那样有气无力，只是哀鸣了一声，即成了猎豹的食物。就在我为野牛大叫惋惜时，突然，一只看似弱小的野牛，就在快被猎豹追上的刹那，突然停住，全身奋力后坐，努力将身体的重心后移，奔跑的四蹄成了四条铁杠，直直地斜撑在地上，随即身体周围腾起一股浓浓的尘土，如同爆响的炸弹掀起的浪。在这生与死千钧一发之际，这只小小的野牛停住了，我的心随即提到嗓子眼。我的担心是多余的。急停下来的小牛，不但没有被猎豹吓倒，反而反转过身来，愤怒地沉下头仰起头顶上那一双尖尖的硬硬的角，猛抵冲过来的猎豹。那只不可一世的猎豹，还没有看清眼前发生的一切，就被野牛尖角抵住了身体扎进了肚子，被高高地捅起，抛向空中。顿时，情况急转直下，奔逃的野牛们还在拼命地奔逃，而制造死亡的其他猎豹却惊呆了，先是顿立，继而掉头逃走。

被猎豹追捕，多么惊恐万状；面临死亡回首痛击，又是多么壮烈伟岸。野牛是动物世界中身体强壮而眼大胆小的群体，又是一种生存中求实惠缺乏灵性的动物。在突如其来的灾祸面前，它们唯一的选择就是逃跑。逃跑的路线又是那么的单一，不管前面是沼泽、丛林，还是大山、断壁，一个劲地往前冲。跑的是一条直线，往往成了猎豹最好的捕捉品。而一旦被捉住，只有任其猎杀。自然的本能，拙劣的求生，悲惨的结局。我不知道为什么唯有那只小野牛不像它的父母兄弟姐妹以奔逃求生，而选择以战为逃生方式——回首痛击，战胜死亡。但从中却给了我们许许多多的启迪和联想。

生活困难多于幸福，人生磨难多于享乐。面对困难和死亡，人不应在困难中倒下，要努力在死亡中挺起，哪怕是不可抗拒的天灾人祸，哪怕是你弱小得奄奄一息。要时刻记住：弱者回首就变强。

拿破仑的失败

学会可以为一棵树而放弃森林，这是另一种珍惜。

"鱼，我所欲也；熊掌，亦我所欲，二者不可兼得，舍鱼而取熊掌也。"

当我们面临选择时，我们必须学会放弃。放弃，并不意味着失败。

像下围棋一样，小的利益虽然放弃，得到的却是更大的利益。但如果想兼得"鱼和熊掌"，恐怕连鱼也得不到了。

在滑铁卢大战中，大雨造成的泥泞道路使炮兵移动不便。拿破仑不甘心放弃最拿手的炮兵，而如果推迟时间，对方增援部队有可能先于自己的援军赶到，那样后果不堪设想。然而，在踌躇之间，几个小时过去了，对方援军赶到。结果，战场形势迅速扭转，拿破仑遭到了惨痛的失败。拿破仑的失败足以证明：在人生紧要处，在决定前途和命运的关键时刻，我们不能犹豫不决，徘徊彷徨，而必须明于决断，敢于放弃。卓越的军事家总是在最重要的主战场上集中优势兵力，全力以赴去争取胜利，而甘愿在不重要的战场上做些让步和牺牲，坦然接受次要战场上的损失和耻辱。

同样，在人生的战场上，我们必须善于放弃，倾注自己的时间和精力于主战场上，而不必计较次要战场的得失与荣辱。在我们的学习生活中，学会放弃同样重要。当你路过篮球场或足球场，看到别人正尽兴比赛，听到那欢快的笑声时，能不动心吗？但这时，我们必须放弃一项：去燥热的教室里学习，或是在凉爽的绿茵球场上活动，斟酌损益，当放弃后者而取前者，因为我们的前途比短暂的欢乐更为重要。我们应当学会放弃，并且敢于放弃，不要为一点利益斤斤计较。

就算“鱼”与“熊掌”同等重要，在必须只取一件时，必然要放弃另一件。

不要怕选择错误，因为错误常常是正确的先导，它会教我们逐渐学会放弃。

其实，在生活中，我们必须学会放弃，学会可以为了一棵树而放弃整个森林，这也许便是另一种珍惜。未来是不可知的，而对眼前的这一切，我还来得及把握，我还可以在无限中珍惜这些有限的事物！

人生，也就在这种放弃与珍惜之中得到升华！

欲望的锁链

生命之舟载不动太多的物欲和虚荣，在抵达彼岸时要学会轻载。

有一位禁欲苦行的修道者，准备离开他所住的村庄，到无人居住的山中去隐居修行，他只带了一块布当做衣服，就一个人到山中居住了。

后来他想到当他要洗衣服的时候，他需要另外一块布来替换，于是他就下山到村庄中，向村民们乞讨一块布当做衣服，村民们都知道他是虔诚的修道者，于是毫不犹豫地就给了他一块布，当作换洗用的衣服。

当这位修道者回到山中之后，他发觉在他居住的茅屋里面有一只老鼠，常常在他专心打坐的时候来咬他那件准备换洗的衣服，他早就发誓一生遵守不杀生的戒律，因此他不愿意去伤害那只老鼠，但是他又没有办法赶走那只老鼠，所以他回到村庄中，向村民要一只猫来饲养。

得到了一只猫之后，他又想到了——“猫要吃什么呢？我并不想让猫去吃老鼠，但总不能跟我一样只吃一些水果与野菜吧！”于是他又向村民要了一头乳牛，这样那只猫就可以靠牛奶维生。

但是，在山中居住了一段时间以后，他发觉每天都要花很多的时间来照顾那头母牛，于是他又回到村庄中，他找到了一个可怜的流浪汉，于是就带着这个无家可归的流浪汉到山中居住，帮他照顾乳牛。

那个流浪汉在山中居住了一段时间之后，他跟修道者抱怨说："我跟你不一样，我需要一个太太，我要正常的家庭生活。"

修道者想一想也有道理，他不能强迫别人一定要跟他一样，过着禁欲苦行的生活……

这个故事就这样继续演变下去，你可能也猜到了，到了后来，也许是半年以后，整个村庄都搬到山上去了。

欲望就像是一条锁链，一个牵着一个，永远都不能满足。《百喻经》里有一个故事，从前有一只猕猴，手里抓了一把豆子，高高兴兴地在路上一蹦一跳地走着。一不留神，手中的豆子滚落了一颗在地上，为了这颗掉落的豆子，猕猴马上将手中其余的豆子全部放置在路旁，趴在地上，转来转去，东寻西找，却始终不见那一颗豆子的踪影。

最后猕猴只好用手拍拍身上的灰土，回头准备拿取原先放置在一旁的豆子，怎知那颗掉落的豆子还没找到，原先的那一把豆子，却全都被路旁的鸡鸭吃得一颗也不剩了。

年轻时，对于某些事物的追求，如果缺乏智能判断，而只是一味地投入，不也像故事中的猕猴只是顾及掉落的一颗豆子，等到后来，终将发现所损失的，竟是所有的豆子！想想，我们现在的追求，是否也是放弃了手中的一切，仅追求掉落的一颗！

在印度的热带丛林里，人们用一种奇特的狩猎方法捕捉猴子：在一个固定的小木盒里面，装上猴子爱吃的坚果，盒子上开一个小口，刚好够猴子的前爪伸进去，猴子一旦抓住坚果，爪子就抽不出来了。人们常常用这种方法捉到猴子，因为猴子有一种习性，不肯放下已经到手的东西，人们总会嘲笑猴子的愚蠢：为什么不松开爪子放下坚果逃命？但审视一下我们自己，也许就会发现，并不是只有猴子才会犯这样的错误。

因为放不下到手的职务、待遇，有些人整天东奔西跑，耽误了更远大的前途；因为放不下诱人的钱财，有人费尽心思，利用各种机会去大捞一把，结果常常作茧自缚；因为放不下对权力的占有欲，有些人热衷于溜须拍马、行贿受贿，不惜丢掉人格的尊严，一旦事情败露，后悔莫及……

生命如舟，生命之舟载不动太多的物欲和虚荣，要想使之在抵达彼岸时不在中途搁浅或沉没，就必须轻载，只取需要的东西，把那些应该放下的“坚果”果断地放下。

让我们从猴子悲剧中吸取一个教训，牢牢记住：该松手时就松手。

我们在追求什么

放弃得当，丢掉那些不值得带走的包袱，才能登高行远。

在墨西哥海岸边，有一个美国商人坐在一个小渔村的码头上，看着一个墨西哥渔夫划着一艘小船靠岸，小船上有好几尾大黄鳍鲔鱼；这个美国商人对墨西哥渔夫抓这么高档的鱼恭维了一番，问他要多少时间才能抓这么多？

墨西哥渔夫说，才一会儿工夫就抓到了。美国人再问，你为什么不呆久一点，好多抓一些鱼？墨西哥渔夫觉得不以为然：这些鱼已经足够我一家人生活所需啦！美国人又问：那么你一天剩下那么多时间都在干什么？

墨西哥渔夫解释：我呀？我每天睡到自然醒，出海抓几条鱼，回来后跟孩子们玩一玩，再跟老婆睡个午觉，黄昏时晃到村子里喝点小酒，跟哥儿们玩玩吉他，我的日子可过得充实又忙碌呢！

美国商人不以为然，帮他出主意，他说：我是美国哈佛大学企管硕士，我倒是可以帮你忙！你应该每天多花一些时间去抓鱼，到时候你就有钱去买条大一点的船。自然你就可以抓更多鱼，再买更多渔船。然后你就可以拥有一个渔船队。到时候你就不必把鱼卖给鱼贩子，而是直接卖给加工厂。或者你可以自己开一家罐头工厂。如此你就可以控制整个生产、加工处理和行销。然后你可以离开这个小渔村,搬到墨西哥城,再搬到洛杉矶,最后到纽约。在那里经营你不断扩充的企业。

墨西哥渔夫问:这要花多少时间呢?

美国人回答:十五到二十年。

墨西哥渔夫问:然后呢?

美国人大笑着说:然后你就可以在家当皇帝啦!时机一到,你就可以宣布股票上市,把你的公司股份卖给投资大众。到时候你就发啦!你可以几亿几亿地赚!

墨西哥渔夫问:然后呢?

美国人说:到那个时候你就可以退休啦!你可以搬到海边的小渔村去住。每天睡到自然醒,出海随便抓几条鱼,跟孩子们玩一玩,再跟老婆睡个午觉,黄昏时,晃到村子里喝点小酒,跟哥儿们玩玩吉他吧!

人生中有时我们拥有的内容太多太乱，我们的心思太复杂,我们的负荷太沉重,我们的烦恼太无绪,诱惑我们的事物太繁重,大大地妨碍了我们,无形而深刻地损害着我们。

我们的人生要有所得，就不能让诱惑自己的东西太杂多，心灵里累积的烦恼太乱杂,努力的方向过于分叉。我们要简化自己的人生。我们要经常地有所放弃,要学会经常否定自己,把自己生活中和内心里的一些东西断然放弃掉。

如果我们永远凭着过去生活的习惯，日常世故的经验,固守已经获得的功名利禄,想要获取所有的权钱职位,什么风头利益都要去争,什么样的生活方式都让我们眼花缭乱,什么朋友熟人都不愿得罪,这样我们会疲于应付,把很多时间和精力都花在无谓的纷争和无穷的耗费上。不仅自己的正常发展受到限制,甚至迷失自己真正应该前行的方向。

在人生的一些关口，我们的生命中会长出一些杂草肿瘤，侵蚀我们美丽丰富的人生花园,搞乱我们幸福家园的田地。我们要学会对这些杂草铲除和放弃。放弃不适合自己的职业，放弃异化扭曲自己的职位，放弃暴露你的弱点缺陷的环境和工作，放弃实权虚名，放弃人事的纷争，放弃变了味的友谊，放弃失败的恋爱，放弃破裂的婚姻，放弃没有意义的交际应酬，放弃坏的情绪，放弃偏见恶习，放弃不必要的忙碌压力。

放弃我们人生田地和花园里的这些杂草害虫，我们才有机会，同真正有益于自己的人和事亲近，才会获得适合自己的东西。我们才能在人生的土地上播下良种，致力于有价值的耕种，最终收获丰硕的粮食，在人生的花园采摘到鲜丽的花朵。

放弃得当，是对围剿自己的藩篱的一次突围，是对消耗你精力的事件的有力回击，是对浪费你生命的敌人的扫射，是你在更大范围去发展生存的前提。

放弃得当，是对捆绑自己的背包的一次清理，丢掉那些不值得你带走的包袱，拿走拖累你的行李，你才可以简洁轻松地走自己的路，人生的旅行才会更加愉快，你方才可以登得高行得远，看到更美更多的人生风景。

豁达人生

幸福的人只记得一生中满足之处，不幸的人只记得相反的内容。

三伏天，禅院的草地枯黄了一大片。“快撒点草种子吧！好难看哪！”小和尚说。“等天凉了。”

师父挥挥手：“随时！”

中秋，师父买了一包草籽，叫小和尚去播种。

秋风起，草籽边撒、边飘。“不好了！好多种子都被吹飞了。”小和尚喊。

“没关系，吹走的多半是空的，撒下去也发不了芽。”师父说：“随性！”

撒完种子，跟着就飞来几只小鸟啄食。“要命了！种子都被鸟吃了！”小和尚急得跳脚。

“没关系！种子多，吃不完！”师父说：“随遇！”

半夜一阵骤雨，小和尚早晨冲进禅房：“师父！这下真完了！好多草籽被雨冲走了！”

“冲到哪儿，就在哪儿发！”师父说：“随缘！”

一个星期过去了。原本光秃的地面，居然长出许多青翠的草苗。一些原来没播种的角落，也泛出了绿意。

小和尚高兴得直拍手。

师父点头："随喜！"

随不是跟随，是顺其自然，不怨怼、不躁进、不过度、不强求。

随不是随便，是把握机缘，不悲观、不刻板、不慌乱、不忘形。

不要幻想生活总是那么圆圆满满，也不要幻想在生活的四季中享受所有的春天，每个人的一生都注定要跋涉沟沟坎坎，品尝苦涩与无奈，经历挫折与失意。

在漫漫旅途中，失意并不可怕，受挫也无需忧伤。只要心中的信念没有萎缩，只要自己的季节没有严冬，即使风凄厉冷，即使大雪纷飞。艰难险阻是人生对你另一种形式的馈赠，坑坑洼洼也是对你意志的磨砺和考验。落英在晚春凋零，来年又灿烂一片；黄叶在秋风中飘落，春天又焕发出勃勃生机。这何尝不是一种达观，一种洒脱，一份人生的成熟，一份人情的练达。

这种洒脱人生，不是玩世不恭，更不是自暴自弃，洒脱是一种思想上的轻装，洒脱是一种目光的朝前。有洒脱才不会终日郁郁寡欢，有洒脱才不觉得人生活得太累。

懂得了这一点，我们才不至于对生活求全责备，才不会在受挫之后彷徨失意。

懂得了这一点，我们才能挺起刚劲的脊梁，披着温柔的阳光，找到充满希望的起点。

一个人的性格，往往在大胆中蕴涵了鲁莽，在谨慎中伴随着犹豫，在聪明中体现了狡猾，在固执中折映出坚强，羞怯会成为一种美好的温柔，暴躁会表现一种力量与激情，但无论如何，豁达，对于任何人，都会赋予他们一种完美的色彩。

一般认为，豁达是一种人生的态度，但从更深的层次看，豁达却是一种待人处事的思维方式。

豁达=承认事实

有一个人，他的性情并不很开朗奔放，但他对待事情几乎从不见有焦躁紧张的时候。这并不是他好运亨通。细细观察体会，会发现他有一些与众不同的反应方式：比如，他被小偷扒走了钱包，发现后叹息一声，转身便会问起刚才丢失的身份证、工作证、月票的补办手续。一次，他去参加电视台的知识大赛，闯过预赛、初赛，进入复赛，正洋洋得意，不料，却收到了复赛被淘汰的通知书。他发了几句牢骚。中午，却兴致勃勃地又拜师学起桥牌来。这些，反映出他的一种很本能很根本的思维方式，那就是承认事实。事实一旦来临，不管它多么有悖于心愿，但这毕竟是事实。大部分人的心理会在此时产生波动抗拒，但豁达者，他的兴奋点会迅速地绕过这种无益的心理冲突区域，马上转到下边该做什么的思路上去了。事后，也的确会发现，发生的不可再改变，不如做些弥补的事情后立刻转向，而不让这些事在情绪的波纹中扩大它的阴影。这堪称是一种最大的心理力量。

豁达=趋利避害

豁达的人，每每是乐观的人。而所谓乐观，按照某位哲人的说法，就是乐观的人与悲观的人相比，仅仅是因为后者选择了悲观。

豁达的人在遇到困境时，除了会本能地承认事实，摆脱自我纠缠之外，他还有一种趋利避害的思维习惯。这种趋利避害，不是为了功利，而是为了保持情绪与心境的明亮与稳定。这也恰似哲人所言："所谓幸福的人，是只记得自己一生中满足之处的人；而所谓不幸的人，是只记得与此相反的内容的人。"每个人的满足与不满足，并没有太多的区别差异，幸福与不幸福相差的程度，却会相当巨大。

豁达=自嘲自解

观察分析一个心胸豁达的人，你往往会发现，他的思维习惯中有一种自嘲的倾向。这种倾向，有时会显于外表，表现为以幽默的方式摆脱困境。自嘲是一种重要的思维方式。每个人都有许多无法避免的缺陷，这是一种必然。不够豁达的人，往往拒绝承认这种必然。为了满足这种心理，他们总是紧张地抵御着任何会使这些缺陷暴露出来的外来冲击。久之，心理便成为脆弱的了。一个拥有自嘲能力的人，却可以免于此患。他能主动察觉自己的弱点，他没有必要去尽力掩饰。从根本上来说，一个尴尬的局面之所以形成，只是因为它使你感到尴尬。要摆脱尴尬，走出困境，正面的回避需要极大的努力，但自嘲却为豁达者提供了一条逃遁出去的轻而易举的途径——那些包围我的，本来就不是我的敌人。于是，尴尬或困境，就在概念上被取消了。

豁达=游戏精神

豁达也有程度的区别，有些人对容忍范围之内的事，会很豁达，但一旦超出某种极限，他就会突然改变，表现出完全相异的两种反应方式。最豁达的人，则具有一种游戏精神，将容忍限度扩大。有这样一个故事：一个身经百战、出生入死、从未有畏惧之心的老将军，解甲归田后，以收藏古董为乐。一天，他在把玩最心爱的一件古瓶时，不小心差点脱手，吓出一身冷汗，他突然若有所悟："为什么当年我出生入死，从无畏惧，现在怎么会吓出一身冷汗？"片刻后，他悟通了——因为我迷恋它，才会有忧患得失之心，破了这种迷恋，就没有东西能伤害我了，遂将古瓶掷碎于地。

豁达者的游戏精神，即是如此。既然他把一切视为一种游戏，尽管他同样会满怀热情，尽心尽力地去投入，但他真正欣赏的，只是做这件事的过程，而不是目的——游戏的乐趣在于过程之中。那么，他也就解脱了得失之心的困扰。

今生来生都双赢

贪婪是压力和紧张的最大祸首，造成心理失衡，增添许多不必要的压力。

有人说紧张与压力是20世纪特有的文明病，而紧张与压力都或多或少地有四种可能的反应（Reaetons），即：一、生理反应：如头痛、高血压、胃肠溃疡，较严重者甚至易引发癌症及老化现象。据最近美国卫生局统计，有50%～80%的疾病，缘于生活压力及紧张。二、行为反应：思想不集中，易忘、作业迟缓、不易与人相处。三、情绪反应：忧郁、愤怒、敏感等。四、认知反应：降低自信自尊、常感不如别人、无力感以及无助感等，较严重者甚至有失望及自杀倾向。

20世纪似乎是一个十分矛盾的时代，人人较上一代富裕了，但心灵并不因此而更愉快；教育普及了，但青少年问题年年增长；生活更民主自由了，但犯罪案件却有增无减；科技及医学突飞猛进，但大小医院却天天人满为患！

20世纪的现代人究竟出了什么问题？

我们也许尝试过一些减轻压力及紧张的方法，尤其像静思、坐禅、默观等工夫。但问题是：用这些方法试图减轻压力只有“治标”作用，虽一时能使身心放松，但基本问题并不因此而解决。肌肉放松后步出禅房，你还得重新面对一大堆问题，这些问题你又当如何应付？同样地，你因压力太大感觉头痛，因此求医诊治，但即使头痛胃痛都治好了，若压力的基本问题没有根治，早晚还会有其他病痛出现。因此近来有许多医生及心理学家均表示，身体某部位不舒服固然应立刻求治，但最重要的还是快快找出压力及紧张的病源；病源一旦找到就可对症下药，一治百治，不必再头痛治头脚痛治脚了！

孔子说，欲修其身者必先正其心。中国古人也说，心安身自安。这里所说的"心"，正是医学界及心理学界近年来所强调的"整体人"(Holistic Person)。因此，压力的起源可能来自不定的政治、不安的社会、不和的家庭以及事业不成、人际关系不良等等。专家学者强调的"是否我这个整体人出了什么问题"？换言之，一个人的整个生活方式、整个人生观及人生价值是否出了偏差？或说得更清楚一些，你所选择的是今生今世或是永生永世？

心理学家早已公认，工作能给人带来很大的压力。据最近医学统计，那些较倾向打拼奋斗的从业人员，尤其是那些力争上游的高级人员，他们的"工作压力"比一般人高出很多，患心脏病的可能性也比常人大过七倍。这些喜欢打拼的人有一个共同性格，即竞争心大，攻击性强，以及耐性很弱等，亦即一般人所说的"A型性格"。他们常觉得时间永远不够，把个人的成就与事业放在一切之上，甚至比家庭更重要；他们常喜欢速战速决，有时甚至不惜孤注一掷敢于冒险等等。这些人若因此而感到身体不适，总希望医生给他们一种最好最贵的药物，希望一次就能见效，他们做什么事永远缺少等待的耐力。

心理学称这些人为工作狂者，他们为了工作而工作，为了事业而事业，但工作与事业究竟为了什么，他们很少考虑。结果身体得了病不说，夫妻与子女间的关系也亮起了红灯。

当然，他们有他们的理由，工作及事业成功了，他们不但将获得提升，地位名声及金钱也必随之而来。只可惜荣誉及财物均属物质层面，因此往往贪得无厌，多了还想多，高了还想高，于是不断地追求，心灵却永远得不到满足！

有这样一个故事，说古时有一个年轻人赴京赶考，希望老和尚替他念经祝他早日成功。哪知老和尚只在一旁静听却一言不发，年轻人心急了就问他有何意见，老和尚只说了三个字“以后呢？”赶考成功就可以做官啦！以后呢？做了官就可以发财啦！以后呢？发了财就可建屋购地一生无忧啦！以后呢？这时那位年轻人早已有点不耐烦，只是颇不礼貌地向老和尚道：“你永远什么以后呢以后呢，升官发财有屋有地不就够了吗？”但老和尚不慌不忙还是说了最后一句话：“你死了以后呢……”

其实贪婪正是压力与紧张的最大祸首。工作狂者果然因永远做不完的事而压力增加，那些常与人相比较的人也同样在自讨压力之苦。自己的汽车还好好的，一日见邻居买了一辆新车，就想尽办法也要换辆新的；自家的房子够大也够住，但别人有了新屋，于是一定要与人家比，左思右想要买栋更漂亮的房子！人比人，气死人，这样比来比去，你永远不会满足。当然，跟人家比较，正像竞争或奋力工作一样，其本身没有什么不好，有人甚至认为这可能正是文化有进步的动力。问题出在“过分”二字，过份即不按理性做事，心理失去平衡，因此而增添许多不必要的压力。

古人曾说，二鸟在林不如一鸟在手，我们为什么不好好地珍惜已在手中的那只鸟，偏偏整日去贪图那两只遥不可及的家伙？好高骛远不满现实，正是现代人想出来的烦恼，何苦来哉！圣保罗说天国内有各种不同的人，有的是宗徒，有的是先知，有的是司牧或传道者等，大家职责不同，但都当各尽其职，以完成基督在地上的大业。其实我们每个人都像身体的肢体，有的成为眼睛、有的成为耳朵、有的是心脏或大脑、有的则只是手足。肢体虽不同，只要努力去发展他的天职就是最好的肢体，我们又何必一定要跟人家去比较长短？

我们是否忘却来生继续生活在今生的贪婪中，或在此生的短暂岁月中多多为未来而努力，只有你自己可以决定。但若你只选择今生，为了名声地位财富终日忙碌，你不但将丢失你的灵魂，连今生的希望也可能落空。但若你选择后者，你此生此世也许比别人活得更快乐，更心安理得，更于心无愧！

克服你的约拿情结

只有放弃人生际遇中患得患失，才能走出情绪的低谷。

约拿是《圣经》中的人物。据说上帝要约拿到尼尼微城去传话，这本是一种崇高的使命和很高的荣誉，也是约拿平素所向往的。但一旦理想成为现实，又感到一种畏惧，感到自己不行，想回避即将到来的成功，想推却突然降临的荣誉。这种成功面前的畏惧心理，心理学家们称之为“约拿情结”。

约拿情结是一种普遍的心理现象。我们既想取得成功，但面临成功，总是伴随着一种心理迷茫。我们既自信，但同时又自卑，我们既对杰出人物感到敬仰，但又总是有一种敌意的感情。我们敬佩最终取得成功的人，而对成功者，又有一种不安，焦虑，慌乱和嫉妒。我们既害怕自己最低的可能性，又害怕自己最高的可能性。

约拿情结是一种复杂的心理现象。它也许有其存在的合理性。不过，从自我实现的角度看，它是一种自我的心理障碍。

让坏情绪来得快去得更快

你可曾毫无理由地想朝某人大发雷霆，或是为平时不屑一顾的小事而痛哭流涕？你很可能正处于情绪低潮期、彻底的坏情绪中。不只你一人有过这样的经历。密歇根大学的一项调查表明，日常生活中，人们有十分之三的时间会脾气古怪、爱发牢骚、易怒，却不知道原因何在。

似乎你的恶劣情绪属于没有根由的突发事件，但实际上坏心情差不多总是归因于一些烦心事儿，比如跟丈夫吵架或是跟升职失之交臂等。紧张时刻，甚至突发的刺耳的电话铃声或是隔壁孩子的吵闹声都可能让牢骚症患者发病。

脾气古怪与忧郁并不等于抑郁症，坏心情持续几小时或是几天就会自动消失。如果情况依旧，并且这种情绪已经影响你的工作效率或对孩子的日常照顾，那就转变为抑郁症了。这时候你就该寻求专家的帮助。精神萎靡并不会将你打垮，我们为你准备了10个不妨一试的“坏心情清除术”，你只要用5分钟或更少的时间就能完成。

采取直接行动

为一件事烦恼可能会花几天时间，而行动起来解决它只要几分钟就够了。比方说，求职面试后你迟迟得不到通知结果，你为此心神不宁。别烦自己了，马上打电话给面试你的人事主管，不管是福还是祸，你的紧张心情总会有个着落。

依靠朋友帮忙

如果你没坐下来，找其他人和你一起检查问题根源，那你的结论难免会有失偏颇。选一个朋友帮你把问题看清楚，给自己5分钟时间，在电话里和他谈一谈。别担心自己会惹人烦，朋友交往就是让你去麻烦的。不过一定别忘了要问问他最近生活得怎么样，这不仅是出于礼貌。同时，转移对自身的注意力也不失为一种迅速摆脱忧虑的好方法。

放任自己，顺其自然

是的，有时最明智的摆脱坏心情的做法就是别抑制它，而是任其发泄5分钟。抑制情绪的结果往往是使其更加恶化——而感情是需要释放出来的。因此，当你无法查清问题根源，或没找到直接的办法可以排解恶劣情绪时，那就顺其自然吧！你的坏心情会过去的，只不过要设定好自我放纵的界限。

装作心情很好，直到心情真的好起来

实际上通过伪装好心情，会让你感觉更愉快些。深呼吸，绽放一个笑容并对自己说：“再过5分钟一切都会变好。”然后努力使自己好起来。

停止拖拖拉拉

旧金山心理分析学院的心理学专家玛莉·拉米亚博士指出，做事拖延常常令人们牢骚满腹、心情沮丧。试着催促自己加快步伐。花5分钟时间从小处入手，这会让你离目标更近一点。举个例子，如果你正在找工作这事儿上拖拖拉拉，那就打出简历来，并找出你感兴趣的那家公司的地址。你会在做这些工作的过程中得到成就感，同时，这也会为你提供前进的动力。

回忆幸福时光

记住，当邻居羡慕你培养孩子的方式时，你感到多么高兴；当你的老板征求你的意见时，你有多么骄傲。记下别人对你的赞美和你取得的成绩，当你需要肯定自己是多么优秀时，花5分钟时间回忆一下。

甩掉包袱

工作过多而感到不胜负荷可能是郁闷心情产生的根源。最好的解决办法就是尽量减少工作表上的内容，到环境幽雅的地方解决晚餐，让家里人自己洗衣服（你只要花上5分钟时间告诉他们怎样操作就够了）。日常杂务如何安排让你为难么？用5分钟时间把该做的事情列个清单，这样你就会感到一切尽在掌握之中。比如每天查看一次电子信箱，丢掉未打开的垃圾信件，或者晚饭时让留言机接听电话。

保持充足的水分

每天你的身体需要大约8杯水才能保证你精力充沛、精神旺盛。别等到你感觉口渴时才喝水，因为那意味着你已经脱水

了。因此，工作时，应该永远将水杯放在触手可及的地方。

唱你最喜欢的歌

很多资料表明，音乐能改变人的情绪。花5分钟时间哼唱你最爱的那首古老而经典的歌儿，感受新的自我。大胆地高声唱出来，这样效果会更好。

学会释然

有些问题根本没有解决办法，因此你必须让它按自身的方式发展。试试下面的小窍门：把你关心的事情写在一张纸上，将这张纸揉碎，扔进废纸篓里；或者想象麻烦事就像洗澡时身上的肥皂泡沫顺着身体盘旋流走。思想控制情感，因此，如果你设想烦恼消失了，实际上你就会感到豁然开朗，坏心情随之一扫而光。

诺贝尔奖得主的启示

人有限的精力不可能方方面面顾及，放弃是一种必要的智能。

华裔科学家、诺贝尔奖获得者杨振宁和崔琦的成功，也是因为他们勇于放弃。杨振宁于1943年赴美留学，受“物理学的本质是一门实验科学，没有科学实验，就没有科学理论”观念的影响，他立志搞一篇实验物理论文。于是，由费米教授安排，他跟有“美国氢弹之父”之誉的泰勒博士做理论研究，并成为艾里逊教授的6名研究生之一。在实验室工作的近20个月中，杨振宁成为艾里逊实验室流行的一则笑话的主人公：“凡是有爆炸（出事故）的地方，就一定有杨振宁！”杨振宁不得不正视自己：动手能力比别人差！

在泰勒博士的关怀下，经过激烈的思想交锋，杨振宁放弃了写实验论文的打算，毅然把主攻方向调整到理论物理研究上，从而踏上了物理界一代杰出理论大师之路。假如他一条道走到黑，恐怕“杨振宁”至今还是一个籍籍无名的符号。

而1998年的诺贝尔奖得主崔琦，在有些人眼里简直是“怪人”：远离政治，从不抛头露面，整日浸泡在书本中和实验室内，甚至在诺贝尔奖桂冠加顶的当天，他还如常地到实验室工作。更令人不敢置信的是，在美国高科技研究的前沿领域，崔琦居然是一个地地道道的“电脑盲”。他研究中的仪器设计、图表制作，全靠他一笔一画完成。而一旦要发电子邮件，也都请秘书代劳。他的理论是：这世界变化太快了，我没有时间赶上！放弃了世人眼里炫目的东西，为他赢得了大量宝贵的时间，也就为他赢得了至高无上的荣誉。

人的一生很短暂，有限的精力不可能方方面面都顾及，而世界上又有那么多炫目的精彩，这时候，放弃就成了一种大智能。放弃其实是为了得到，只要能得到你想得到的，放弃一些对你而言并不必需的“精彩”，又有什么不可以呢？

从前有个孩子，伸手到一只装满榛果的瓶里，他尽其所能地抓了一把榛果，当他想把手收回时，手却被瓶口卡住了。他既不愿放弃榛果，又不能把手缩出来，不禁伤心地哭了。这时一个旁人告诉他：“只拿一半，让你的拳头小些，那么你的手就可以很容易地拿出来了。”贪婪是大多数人的毛病，有时候只抓住自己想要的东西不放，就会为自己带来压力、痛苦、焦虑和不安。往往什么都不愿放弃的人，结果却什么也没有得到。

智能是什么含义呢？一时半会儿，你也许答不上来。然而，我们知道智能有很多类型，诸如“神机妙算，足智多谋，满腹经纶，幽默诙谐”等词条都是智能的表现。但你也许想不到“放弃”也是一种智能。

“放弃”不就是丢弃放弃，它是懦弱的表现，怎么会是智能呢？然而，不尽其然。尽管你的精力过人，志向远大，但时间不容许你在一定时间内同时完成许多事情，正所谓：“心有余而力不足。”这就如把眼前的一大堆食物塞进嘴里，塞得太满，不仅肠胃消化不了，连嘴巴都要撑破了！所以，在众多的目标中，我们必须依据现实，有所放弃，有所选择。这样我们才能选出适合自己的营养食品，然后慢慢咀嚼，细细品味，直到完全吸收，我们不就又有充沛的精力了吗？

然而，世界上真有放弃吗？如果在放弃之后，烦乱的思绪梳理得更加分明，模糊的目标变得更加清晰，摇摆的心铸就得更加坚定，那么放弃又有什么不好呢？世上没有绝对的放弃，只有永远的放弃。人生总要面临许多选择，也就要做出一些放弃，要学会选择，首先要学会放弃。放弃是为了更好的调整自我，准备良好的心态向目标靠近。特别是在现代社会中，竞争日趋激烈，每个人的生存压力也越来越重。于是每个人都身不由已地变得“贪心”，追求的太多，其失望得也愈深。所以一定要保持一个清醒的头脑，不要做那个抓满榛果哭泣的孩子，因为毕竟我们已经不再是小孩了！

放弃，是一种睿智，是一种豁达，它不盲目，不狭隘。放弃，对心境是一种宽松，对心灵是一种滋润，它驱散了乌云，它清扫了心房。有了它，人生才能有爽朗坦然的心境；有了它，生活才会阳光灿烂。所以朋友们，别忘了，在生活中还有一种智能叫“放弃”！

放弃是一种睿智

最优秀的人宁愿要一件东西，而不要其他一切。

放弃是一种量力而行的睿智。大观园内的王熙凤，精明能干远胜过贾府中任何一男子，但她太争强好胜，万事劳心，终为所累，反误了卿卿性命。人为血肉之躯，精力有限，时间有限。在生活中应该学会取舍。取其要者而为之，不要者而舍之，不为琐事劳心伤神。身体乃革命的本钱，一旦身体遭损，皮之不存，毛将焉附！

放弃是一种顾全大局的果敢。放弃同样需要勇气和胆略。面对全军覆没的危险，有胆略的军事家会说：三十六计，走为上。面对将要破产倒闭的厄运，有眼光的企业家会说：留得青山在，不怕没柴烧。落水的财主因舍不得腰间沉甸甸的铜钱而最终葬身鱼腹。

放弃是一种泰然处之的大度。汲汲于名利者永远不会知道满足。金山银山，换不来会心一笑；机关算尽，只留得千年骂名。请记住赫拉克利特的话，最优秀的人宁愿要一件东西，而不要其他一切，就是：宁取永恒的光辉而不要变灭的事物。

学会放弃吧！放弃并不完全代表着失败和气馁，务实的放弃是为了更少地失去。有时，选择了放弃，也便选择了成功和获得。

每逢过年期间，总能收到许多有关昔日同窗或熟人的消息，他们有的发达了，有的下岗了，有的很得志、有的很颓废……从他们的经历中你会发现勇于放弃的人往往是赢家。

如果几个人毕业后一起分到一家工厂，而这家厂管理松懈，设备老化，产品过时，种种迹象表明在这儿干前途渺茫。面对现状，不同的人会采取不同的策略：有的主动下岗自谋生路，有的留在厂内准备找到合适的岗位再跳槽。后者的择业思路一直为媒体推崇，即所谓“骑驴找马”，它符合国人求稳的心态，从理论上讲的确是最佳选择。

然而实践证明，孤注一掷自谋生路者大多走出了一条新路，骑驴找马的最终却很难找到马，虚度了人生中的黄金十年。

某人所学专业不错，家境也可以，在单位工作的十年间他几乎没有停止过充电，先自修英语、计算机；又拿了驾驶执照，谁也不能说他不曾努力过。然而一次次利用业余时间匆匆参加招聘会，一次次权衡利弊最终因为有一匹驴可骑便迟迟下不了决心，怕一失足摔得很狼狈。等单位面临破产这才打算搏一下，但年龄已大竞争力大打折扣。另一位同事小丘则相反，他在上班第二年便毅然离职去了广东，期间也曾有半年找不上工作的时候，可几经努力最终站住了脚，月收入也达到了三四千元。

古人云“不破不立”。学会放弃是择业时必须经历的痛苦决定，尤其对于有一匹劣马可骑的人。不冒一点被淹死的风险是永远学不会游泳的。

面对不完善的自我

只有放弃完美的人，才能自我接受、自我肯定。

古语云：甘瓜苦蒂，物不全美。从理念上讲，人们大都承认“金无足赤，人无完人”。正如世界没有十全十美的东西一样，也不存在精灵神通的完人。但在认识自我，看待别人的具体问题上，许多人仍然习惯于追求完美，求全责备，对自己要求样样都是，对别人也往往是全面衡量。

难道那些英魂、名人果真那么光彩夺目、无可挑剔吗？绝非如此。任何人总有其优点和缺点两个方面。

美国大发明家爱迪生，有过一千多项发明，被誉为发明大王，但他在晚年却固执地反对交流输电，一味主张直流输电。

电影艺术大师卓别林创造了生动而深刻的喜剧形象，但他却极力反对有声电影。

人是可以认识自己，操纵自己的，人的自信不仅是相信自己有能力有价值，同时也相信自己有缺点有毛病。我们放弃了完美，就会明白我们每个人的两重性是不可改变的。所以，我们应当保持这样一种心态和感觉，我知道自己的长处，优点，也知道自己的短处、缺点，我知道自己的潜能和心愿，也知道自己的困难和局限，自己永远具有灵与肉、好与坏、真与伪、友好与孤独、坚定与灵活等的两重性。

自我容纳的人，能够实事求是地看自己，也能正确理解和看待别人的两重性，这样就会抛弃骄傲自大、清高孤僻、鲁莽草率之类导致失败的弱点。我们以这种自我肯定，自我容纳的观念意识付诸行动，就能从自身条件不足和所处的环境不利的局限中解脱出来，去说自己想说的话，去做自己想做的事，不必藏拙，不怕露怯，即使明知在某方面不如别人，只要是自己想做的事，也会果敢行动，我行我素。因为任何一个人只有经过东倒西歪、羞怯紧张、让自己像个笨蛋那样的不同阶段，才能学会走路、讲话、游泳、滑冰、骑车、跳舞等等一切本领和技能。

任何人都有缺点和弱点，任何人也都是无知无能的，只不过表现在不同的事情上而已。因而，人人在自我表现和与人交际中都会有笨拙的表现。有些人由于不能实事求是地对待自己的缺点，拿出勇气，去革新自己，突破自己，所以，他们情愿不做事、不讲话、不玩乐交际，也不愿意在别人面前暴露自己的弱点。如在灯火绚丽、乐曲悠扬的宴会厅里，他们很想站起来跳舞，可是怕别人笑话自己笨拙，宁愿做一晚上的看客。跳得好的人越多，他们就越鼓不起勇气。

美国著名的管理学家彼得·德鲁克在《有效的管理者》一书写道：倘要所有的人没有短处，其结果最多是一个平庸的组织。所谓“样样都是”，必然“一无是处”。才干越高的人，其缺点往往也越明显，有高峰必有深谷。

谁也不可能十全十美，与人类现有的博大的知识、经验、能力的汇集总和相比，任何伟大的天才都不及格。一位经营者如果只能见人之所短而不能见人之所长，从而刻意于挑其短而不着眼于其长，这样的经营者本身就是弱者。有些人，搞不清楚为什么要放弃完美。尽管追求完美而达不到理想的目标，但总可以促使自己有所改进和提高吧！我们要有所改进和提高，必须要通过一个重要的环节，就是学会自我接受，自我肯定。因而，我们只有放弃完美，才能树立起自信自爱的意识，才能真正地认识和确立自己的价值、选择和追求。

放弃完美

学会接受自我，才能构建属于自己的头脑。

美国心理学家纳撒尼雨·布兰登举过一个他亲身经历的例子：许多年前，一位叫洛蕾丝的24岁的年轻妇女无意中读了他的一本书，找他来进行心理治疗。洛蕾丝有一副天使般的面孔，可骂起街来却粗俗不堪，她曾吸毒、卖淫。

布兰登说，她做的一切都使我讨厌，可我又喜欢她，不仅因为她的外表相当漂亮，而且因为我确信在堕落的表象下她是个出色的人。起初，我用催眠术使她回忆她在初中是个什么样的女孩子。她当时很聪明，但是不敢表现自己，怕引起同学的嫉妒。她在体育上比男孩强，招惹来一些人的讽刺挖苦，连她哥哥也怨恨她。我让她做空中练习，她哭泣着写了这样一段话：你信任我，你没有把我看成坏人！你使我感到痛苦，也感到了期望！你把我带到了真实的生活，我恨你！

一年半后，洛蕾丝考取洛杉矶大学学习写作，几年后成为一名记者，并结了婚。10年后的一天，我和她在大街上邂逅相遇，我几乎认不出她了：衣着华丽，神态自若，生气勃勃，丝毫不见过去的创伤。寒暄后，她说："你是没有把我当成坏人看待的那个人，你把我看做一个特殊的人，也使我看到了这一点。那时我非常恨你！承认我是谁，我到底是什么人，这是我一生中从未遇到的事。人们常说承认自己的缺点是多么不容易的事，其实承认自己的美德同样也是那么难。”

为什么真正做到放弃完美、自我接受不容易？因为自我肯定这个事实，使你必须真正保持清醒的头脑。振作情绪，抓住机遇，迎接生活的挑战，这就是自觉的生活，积极的心态。如果我对朋友没有诚意，即不能自我接受、自我肯定，自己也会产生被遗弃的感觉。由此可见，自我接受是自信的意识和勇敢的行为！

真正要面对成功，就必须要学会放弃完美，不求完美，因为我们的确不是完美无缺的。这是一个令人宽慰的事实，我们越是极早地接受这一事实，就越能极早地向新的目标迈进，这是人生的真谛。

没有自我接受、自我肯定这个先决条件，我们怎么会改进和提高呢？比如怎么看待自我形象。

你站在一面穿衣镜前，观察自己的面孔和全身。你可能喜欢某些部分，而不喜欢某些部分。有些地方可能不怎么耐看，使你感到不安，如果你看自己不喜欢的样子，请你不要逃避，不要抵触，不要否认自己的容貌。这个时候你就需要放弃完美，放弃“公有化”的标准，而用自己的标准来看待自己。否则你就无法自我接受、自我肯定。

法国大思想家卢俊说得好：“大自然塑造了我，然后把模子打碎了。”这话听起来似乎有点玄乎，其实说的是实在话，并不适用于每一个人，可惜的是，许多人不肯接受这个已经失去了模子的自我，于是就用自以为完美的标准，即公共模子，把自己重新塑造一遍，结果彼此就得如此相似，失去了自我。

“成为你自己！”这句格言之所以知易行难，道理就在于此。失去了自我，失去了个性与自我意识，你还谈什么改进和提高呢？

应当怎么办？你要用自己的眼光注视镜子里边的自我形

象，并试着对自己说："无论我的什么缺陷，我都无条件地完全接受，并尽可能喜欢我自己的模样。"你可能想不通：我明明不喜欢我身上的某些东西，我为什么要无条件地完全接受呢？

接受意味接受事实，是承认镜子里的面孔和身体就是自己的模样。接受自己承认事实，你会觉得轻松一点，感到真实和舒服了。时间不长，你就会体会到自我接受与自信自爱之间的相辅相成的关系。我们学会接受自我，才会构建属于自己的头脑。

情侣的放弃原则

为了保证情感的和谐，多增加一些“放弃”原则吧。

别带着怒气入睡

无论发生任何激烈的事——互相嘲弄侮辱抑或乱撒东西，你们在睡前一定要达成某些协议。这并不是说要言归于好，做一场和好如初的爱，而是在关灯前同时扑熄大家的怒火。例如说：“待明天大家都比较清醒的时候再解决吧！”然后给他一个拥抱才入睡，如此，争吵才不会无止境地继续，双方亦不必因此无法入睡。专家更认为最好有机会在吵架前达成共识，采用这个方法。

“我与斯科特通常在入睡前停止争吵。”任职护士的杰妮说：“否则不愉快的情绪会延续至第二天早上，到时就更难修补。现在我们会同意睡醒后才解决，但其实到了第二天我们已把事件忘得一干二净。

摆出友善的姿态

有时，你需要做点东西打破良久的敌对气氛，可问他是否想喝杯咖啡，或替他做一份三明治。专家说这些(举动)有助于消减你与他的怒气，让彼此再看到自己所爱的人；若你先作出和谈态度，他必有所回应。任职律师的卡尼曾试用这方法：“那次我与他吵架后，为他弄了杯咖啡，以示我已让步，这样他会回报一个紧紧的拥抱。”

承认责任作出道歉

若你在吵架时说了或做了一些具有伤害性的事，那便需道歉。这并不等于整件事都是你的错，只是表明你作出道歉，可打开真诚对话之门。既然你已踏出第一步，他也会静心聆听，即使他想道歉也不会觉得没面子。

“当时我冲口而出，说从未希望嫁给他。”30岁的金饰设计师珊蒂说：“那一次，我与丈夫经过一段长时间才和好。现在但凡我说出一些难堪的话，我会立即道歉，当我们平静下来之后，便可理智地讨论问题。”

休战

若吵架的导火线是一些重要的事情，例如应否接受一份需到外地的工作，大家需各自想想，随后再讨论。这些事件并不简单，往往需要衡量各种因素，做多番讨论才可决定。

“我和萨姆的爱情结晶将出生，我想辞去工作，专心照顾婴儿。”28岁的莎丽说：“莎姆很担心收入减少，会令我们的生活方式出现很大的转变，特别是他正想创一番事业。”萨姆和莎丽开始休战，他们同意每星期在专家指导下作一小时的讨论，而星期日则讨论两小时。“当女儿出生的时候，我们已达成共识，我会做兼职，而萨姆则暂时搁置创业大计，直到我找到新工作为止。”

别计较输赢

别执著要做胜利者，能够与爱侣言归于好才是真正的胜利。假如是你首先平息怒火，何妨说出来？若坚持抱着“不能先认输”或“要赢他”的心态，只会令战火再起。婚姻专家认为在争辩时人总是想说服或赢对方，但记着你的目标是一段良好的关系——你宁可选择永远胜利，还是拥有一段好关系？

29岁的琼曾有这样的经验：“每当我们争吵的时候，我总会翻男友曾做错的旧账，以证明我最了解他。但事实上永远坚持我是对的只会不断破坏我们的关系。”自此阿琼学会放弃永远要赢的心态。

别做沉默的羔羊

你希望他明白你愤怒的原因，若你不发一言，他又从何入手？专家认为对他不理不睬只会令你们的隔膜愈来愈深，而不能令他了解你因何不快乐，更不会作出任何改变。

若相反，是他对你不加理睬，你需直接问他："请告诉我你因何不快。"假如他依然故我，可给他写一张便条，说你挂念他，想与他好好谈一谈。

接受他的道歉

不断要求他道歉只会令争吵无休止地延续。专家认为一句"对不起"应同时表示将来会以不同手法处理类似的情况。"最初和劳拉同居的时候，吵架犹如家常便饭。"肯说："我是个懒人，经常把屋子弄得一团糟。虽然我每次都会因此道歉，但劳拉总是喋喋不休地投诉。最后，我告诉她我无法尽数接受她的批评，而她则答应要是我尽力保持屋子整洁，她亦不会再多说。"

爱的举动

专家认为只是低声说一句"对不起"并不足够，需要做一些发自内心的事情，以表达你的爱意。

花一点时间让二人独处，可以散散步或享受烛光晚餐。专家认为这样相聚的时间可让大家明白平和关系比争吵更好，亦提醒大家彼此是深爱对方的，愿意解决任何难题。另一个把大家再次联系起来的方法是身体接触，即使你不喜欢以做爱作为和好如初的第一件事，也可让两人双手紧握，轻抚背部。

“做大”的企业

一个人的精力是有限的，同样，一个企业的精力也是有限的。

我国很多企业做大以后，品牌延伸速度非常快，但是延伸到最后呢?效果并不佳。我的观点是：名牌是非常非常有局限性的，也就是说，名牌绝对不可能无限延伸。你在这方面是品牌，但离开你熟悉的领域就一文不值。所以名牌只能在它熟悉的区域当中称品牌。

而我们的企业名牌不断乱延伸：比如说“活力28”，本是做肥皂粉的，做成功后，它搞活力28水，而老百姓知道“活力28”是做肥皂粉的，所以喝它的水总觉得里面有泡沫；再比如荣昌制药厂很有名气，生产“贴肚脐治痔疮”，但现在出品“甜梦口服液”，老百姓总觉得部位不对；成都恩威洁尔阴叫“难言之隐，一洗了之”，很有名气，它后来生产“好娃友”口服液，老百姓说这玩意儿能喝吗？这就是品牌乱延伸的结果。

它认为自己名气很大，干什么都行，实际上是不行的。所以品牌乱延伸使多少企业蒙受巨大的无形资产损失。品牌延伸得好，效果很好，像乐百氏，从果奶向矿泉水延伸，第一年矿泉水销量即突破4个亿；像雅戈尔，由衬衫向西装延伸，第一年它的西装销售超过一个亿，成为中国十大著名西装品牌之一。像这种延伸是非常成功的，事半功倍。

有人研究发现对耐用消费品，95%的新产品进入市场，是通过品牌延伸来完成的。但哪些可延伸，哪些不可延伸，是特别需要关注的事情。往哪里延伸是可行的，往哪里延伸是不可行的，风险有多大，可以算出比例来，有个风险概念。所以品牌延伸目前是一个非常大的陷阱，做不好我们的好多企业就会垮在这个地方。我们现在有很多企业在搞多元化，这是非常危险的。

一个人的精力是有限的，一个企业的精力也是有限的，能做成一件事情，就非常了不起。

而我们现在的企业家比较浮躁，人生为两个境界：企业成功前要抓住机会，企业成功后要放弃机会。抓住机会是很开心，每抓住一个机会心里很愉快，而放弃机会是很心疼的，和做人一样，看到一个漂亮姑娘去追求，心里很开心，成功了以后其他那么多的姑娘就不能追求了，所以放弃机会都是非常痛苦的事情。因此，放弃机会需要企业有更大的决心。人们研究西方的企业发现，成功企业当中单一化发展的企业大约占了72%，多元化发展的企业占了28%。28%的企业中有14%是相关多元化，14%是非相关多元化。

事实证明，大部分企业只能做一点点事情。因此我们千万不要胃口太大，要舍得放弃，要学会放弃，要经得起诱惑。这是因为当你的企业成功以后来找你的人他都会说我的项目是如此如此的赚钱，都是很好做的项目。那么如果你什么都投资的话，力量很分散，就像一棵树，分枝很多，这树肯定长不好。尤其对中国现在的大企业来说，中国的大企业相对国外而言充其量只是个中、小型企业，所以在这种情况之下，一定要把你的龙头做得非常的成功，你才能去考虑你的品牌延伸问题和多元化问题。

所以我们认为品牌的延伸对中国来说是创名牌当中最大的一个陷阱，这里面充满着种种利益的诱惑：延伸得好是非常挣钱的，延伸得不好，企业就垮在这里。我认为这个问题要引起足够的重视。

正确的取舍

作出正确的取舍，才能把握命运。

每个人都有着不同的发展道路，面临着人生无数次的抉择。当机会接踵而来时，只有那些树立远大人生目标的人，才能作出正确的取舍，把握自己的命运。

树立了远大目标，面对人生的重大选择就有了明确的衡量准绳。孟子曰：舍生取义，这是他的选择标准，也是他人生的追求目标。著名诗人李白曾有过“仰天大笑出门去，我辈岂是蓬蒿人”的名句，潇洒傲岸之中，透出自己建功立业的豪情壮志。凭借生花妙笔，他很快名扬天下，荣登翰林学士位这一古代文人梦寐以求的事业巅峰。

但是一段时间之后，他发现自己不过是替皇上点缀升平的御用文人。这时的李白就面临一个选择，是继续安享荣华富贵，还是走向江湖穷困潦倒呢。以自己的追求目标作衡量标准，李白毅然选择了“安能摧眉折腰事权贵，使我不得开心颜”，弃官而去。

周恩来总理从小就树立了“为中华之崛起而读书”的远大目标。之后的岁月中，他本可以无数次选择安逸舒适的生活，享受高官厚禄。但是，有了为祖国献身的远大目标，周恩来毅然放弃了这些所谓的机会，而是选择了血与火、粗茶和淡饭，九死一生，铸就了共和国的崛起和辉煌。

一些看似无谓的选择其实是奠定我们一生重大抉择的基础,古人云:“不积跬步,无以至千里;不积小流,无以成江海”,无论多么远大的理想,伟大的事业,都必须从小处做起,从平凡处做起,所以对于看似琐碎的选择,也要慎重对待,考虑选择的结果是否有益于自己树立的远大目标。

很多人觉得学习之余暂时放松一下不会影响什么，确实,劳逸结合对学习来说是十分必要的。但是,学习任务没有完成而去玩游戏,明天就要考试今天却去郊游而不复习,这样的选择多了,就会陷入享乐的诱惑不能自拔,进取心就会逐步丧失。最近新闻经常报道,一些中小学生痴迷打电子游戏,从旷课发展至逃学,甚至夜不归宿,有的还陷入犯罪的深渊。他们当初面临选择学习还是玩游戏时，也认为自己只是暂时放松一下,但几次之后,便已失去了自己树立的远大目标,身陷迷途。就高考而言，大学系统教育是我们实现自己人生目标的必要辅助手段,用游戏时间或郊游等休闲时间投入学习,是为了实现上大学的近期目标,放弃自己的一些爱好是值得的,暂时的代价也就有了付出的充分理由。

看到这样一则故事:一只老鹰被人锁着。它见到一只小鸟唱着歌儿从它身旁掠过,想到自己却……于是它用尽全身的力量,挣脱了锁链,可它也挣折了自己的翅膀。它用折断的翅膀飞翔着,没飞几步,它那血淋淋的身躯还是不得不栽落在地上。

老鹰向往小鸟的自由,挣脱了锁链,却牺牲了自己的翅膀。自由的代价原来是牺牲自己的翅膀,也牺牲了自由。

自由和锁链本来就是孪生兄弟。在革命的年代,刑场的婚礼,“若为自由故,两者皆可抛”的气概无时不在自己脑海的深处。“不自由,毋宁死”。自由是人生最佳境界,提起自由,无不为之悠然神往。然而在现实生活当中,自由似乎都被锁链拴扣着。“鹰击长空,鱼翔浅底”这都是真的吗?我问自己。就让自己活在梦境当中，当它是真的吧，可长空的老鹰挣脱有形的锁链之后，却不知自己又被内心的欲望这条无形的锁链锁着。当它饥了、渴了，回到的还是那张高张的罗网。

有句俗话："成人不自在，自在不成人。"一个人一生一世，熙熙攘攘，挑肥拣瘦，朝三暮四，为了什么，还不是为自己选择一条什么样的锁链吗？古人云："福兮祸之所倚，祸兮福之所伏。"当你福祸并臻，名利双收之际，也就招徕了双重的捆绑，戴上了双重的锁链。这就是自己的代价。所以一个人应该学会——放弃自由。

古时有位高人在给慕名前来学习的人第一次讲道理时，他先拿了一满杯黑颜色的水，然后再往这杯子里倒清水。杯里的水不断外溢，而杯中水仍有黑颜色混在其中。这时，那高人对求学者说："要想得到一杯清水，必先倒掉脏水，洗净杯子，学习也是如此。"

有追求必有所放弃，学习也是如此。要在学业上取得更大的进步，就需要不断抛弃陈旧的观念，更新知识，不断调整改变思维方式。法国生理学家贝尔纳说："构成我们学习上最大障碍的是已知的东西，而不是未知的东西。"爱因斯坦也说过："我不久学会了识别那些导致深邃知识的东西，而把其他许多只是充塞耳目、会转移主要目标的东西撇下不管。"论证时可结合自己的学习体会。

放弃，对每一个人来说，都有一个痛苦的过程，因为放弃、意味着永远不再拥有，但是，不会放弃，想拥有一切，最终你将一无所有，这是生命的无奈之处。如果你不放弃眼前的热烈，就无法享受花前月下的温馨……生活给予我们每个人都是一座丰富的宝库，但你必须学会放弃，选择适合你自己应该拥有的，否则，生命将难以承受！

一个决定可以改变一个人的命运，这个决定是对是错，恐怕要用一生作赌注。其实，有未必真得，无未必真失，有无随缘、得失在心，人生的遭遇不可用“得失”二字定论。爱过又痛过，才算了解爱，虽然这爱、性味苦涩、无花无果，只在心里生长，只任岁月将它磨蚀……好在有时间这帖药，它根治不了你的伤，或许能慢慢止住你的痛。

打开绳结

善于化解心中之结，才能有机会获取更长远的利益。

股市是人生一个生动的比喻，不少投资者在精研各种技术图形，了解上市公司基本面目后，投资成绩仍不理想，其原因多种多样，其中之一是不会在恰当时机放弃，心中之结总也解不开。

古希腊的佛里几亚国王葛第士以非常奇妙的方法，在战车的轭上打了一串结。他预言：谁能打开这个结，就可征服亚洲。一直到公元前334年，仍没有一个人能够成功地将绳结打开。

这时，亚历山大率军入侵小亚细亚，他来到葛第士绳结的车前，不加考虑，便拔剑砍断了绳结。后来，他果然一举占领了比希腊大50倍的波斯帝国。

一个孩子在山里割草，被毒蛇咬了脚。孩子疼痛难忍，而医院在远处的小镇上。孩子毫不犹豫地用镰刀割断受伤的脚趾，然后，忍着剧痛艰难地走到医院。虽然缺少了一个脚趾，但孩子以短暂的疼痛保全了自己的生命。

亚历山大果断地剑砍绳结，说明他放弃了传统的思维方式；小孩子果断地放弃脚趾，以短痛换取了生命。在某个特定时期，你只有敢于放弃，才有机会获取更长远的利益，即使难以避免遭受挫折，你也要选择最佳的失败方式。

在股市里几乎所有人都遭受过套牢之苦。哪怕当时自己有一万个理由支持去买某只股票,但市场中众多不是理由的理由常常使你美梦落空。处于市场的复杂环境下,一旦套住,大多数人采取守仓之策,虽然守住不动总有解套之日,但若一年两年五年都解不了套,资金的快速流动和增值就都是一句空话。守仓是一策,但不是上策。

股票炒作成败往往系于取舍之间,不少投资者看似素质很高,但他们因为难以放弃眼前的蝇头小利,而忽视了更长远的目标。股票成功者往往只是一年抓住了一两次被别的股民忽视的机遇,而机遇的获取,关键在于投资者是否能够在投资道路上进行果断的取舍。因而进入股票市场后,大多数投资者资金都不会闲置,很多投资者不是投资在这只股票上就是套在另一只股票上。

可见,学会放弃有时要比学会技术分析重要,而更重要的是要善于化解心中之结,人生也是如此。

一天,有位大学教授特地向日本明治时代著名禅师南隐问禅,南隐先是以礼相待,他将茶水注入这位来客的杯子,杯子已满还在继续注入。这位教授眼睁睁地望着茶水不停地溢出杯外,终于不能沉默了,大声说道:“已经漫出来了,不能再倒了。”

“你就像这杯子。”南隐答到:“里面装满你自己的看法,你不先把你自己的杯子倒空,让我如何对你说禅?”南隐是有道理的。有时候,如果我们只抓住自己的东西不放,就很难接受别人的东西。特别是现代社会。人变得越来越贪,有些人什么都不愿放弃,结果却什么也没得到。有所失才会有所得。

对于高人来说,放弃不是失败,是智能。

也许你会问:“那什么时候应该争取呢?”这个问题问的很好。南隐禅师与世无争,肯定讲不出这番道理的。人生一世,百木争荣,少不得风光和无奈,懂得放弃容易,学会争取可是蜀道之难难于上青天。成功有两种，靠自己努力和别人的失误，造成别人的错误判断来换取成功的人不胜枚举，因此来说靠自己努力的人是人中之人，当然并不是说努力了就万无一失，其中不乏智能。

《孙子兵法》和《三十六计》，里面讲的是一种浑圆战术，即胜也胜，败也胜。不是教条是逻辑，天衣无缝的逻辑！当你真正懂得了自己的有利条件，自己的不利条件，如何扬长避短，如何为自己创造条件等等，你便掌握了大半成功的因素。

放弃是一种智能，争取也是一种智能，两者不可同日而语，关键在有的放矢。曹孟德曾隔岸观火，自取袁绍袁术之头；关云长仗义，大意失荆州。司马懿兵逼城下，诸葛亮信手抚琴；孟获遭七擒七纵，从此天下太平。混混沌沌一世界，芸芸众生在其间，何得何失，何去何从？

诸葛亮刚出茅庐时说："曹操挟天子以令诸侯，亦非天时，也在人谋……"后来诸葛亮仰天长叹："谋事在人，成事在天！"没有消灭劲敌成为遗憾。有此感慨：精心策划的计谋尚没有成功，何况没有经过深思熟虑的计划呢！

不可不放，不可不争，事在人为，而后顺其自然。

大弃大得，小弃小得

> 放弃是一种境界，大弃大得，小弃小得，不弃不得。

在日常生活中，对于不用之物的处理往往体现出一个人的思维方式。随着人们生活水平的提高，物尽其用的概念已经成为多余。现时，家家都有不少已被更新淘汰但并未完全丧失功能的物品，有些人家舍不得丢弃，日积月累，无用之物越积越多，等到堆放不下了，只能惋惜地集中扔掉，并在疲劳的同时慨叹着“早知今日，何必当初”。

有些人随时淘汰那些不再需要的东西，省去了集中处理的精力，平时家中也显得简洁明快。其实人生又何尝不是如此，即便过着平凡的日子，也依然会不断地积累，大到人生感悟，小到一张名片，都是从无到有，积少成多。无论你的名誉、地位、财富、亲情，还是你的烦恼、忧愁都有很多该弃而未弃或该储存而未储存的。人类本身就有喜新厌旧的癖好，都喜欢焕然一新的感觉，不学会放弃就无论如何也无法焕然一新的，学会放弃也就成了一种境界，大弃大得、小弃小得、不弃不得。在生活中应该学会遗忘不如意的时候，学会放弃生命中可有可无的东西，心胸自会坦然。

比如证券市场，要以平和的心态介入市场，胸襟坦然才能做到旁观者清。股市是一个综合智力的竞技场，股票操作的前提是要发现股市中的规律，找到赚钱的方法，但必须学会放弃。故此不必天天满仓，至少要像农民那样根据不同的季节调整自己的状态，选择赚钱的方法。股市中存在赚钱的方法，但又没有必赢或必输的方法，赚钱的方法使用有障碍时就必须放弃。

目前的市道明白地告诉我们，必须要学会放弃大部分股票：一是短线要找弱市中的牛股，二是寻找超跌的庄股，中线则应“重质不重势”。

有一个聪明的年轻人，很想在一切方面都比他身边的人强，他尤其想成为一名大学问家。可是，许多年过去了，他的其他方面都不错，学业却没有长进。他很苦恼，就去向一个大师求教。

大师说：“我们登山吧，到山顶你就知道该如何做了。”

那山上有许多晶莹的小石头，煞是迷人。每见到他喜欢的石头，大师就让他装进袋子里背着，很快，他就吃不消了。“大师，再背，别说到山顶了，恐怕连动也不能动了。”他疑惑地望着大师。“是呀，那该怎么办呢？”大师微微一笑：“该放下，不放下背着石头咋能登山呢？”

年轻人一愣，忽觉心中一亮，向大师道了谢走了。之后，他一心做学问，进步飞快……其实，人要有所得必要有所失，只有学会放弃，才有可能登上人生的极致高峰。

我们很多时候羡慕在天空中自由自在飞翔的鸟儿，人，其实也该像这鸟儿一样的，欢呼于枝头，跳跃于林间，与清风嬉戏，与明月相伴，饮山泉，觅草虫，无拘无束，无羁无绊。这，才是鸟儿应有的生活，才是人类应有的生活。

然而，这世上终还有一些鸟儿，因为忍受不了饥饿、干渴、孤独乃至于“爱情”的诱惑，从而成为笼中鸟，永远地失去了自由，成为人类的玩物。

与人类相比，鸟儿面对的诱惑要简单得多。而人类，却要面对来自红尘之中的种种诱惑。于是,人们往往在这些诱惑中迷失了自己,从而跌入了欲望的深渊,把自己装入了一个个打造精致的所谓“功名利禄”的金丝笼里。

这,是鸟儿的悲哀,也是人类的悲哀。然而更为悲哀的是,鸟儿被囚禁于笼中,被人玩弄于股掌之上,仍欢呼雀跃,放声高歌,甚至于呢喃学语,博人欢心;而人类置身于功名利禄的包围中,仍自鸣得意,唯我独尊。这,应该说是一种更深层次的悲哀。

人生在世,有许多东西是需要不断放弃的。在仕途中,放弃对权力的追逐,随遇而安,得到的是宁静与淡泊;在淘金的过程中,放弃对金钱无止境的掠夺,得到的是安心和快乐;在春风得意,身边美女如云时,放弃对美色的占有,得到的是家庭的温馨和美满。

古人云:无欲则刚。这其实是一种境界,一种修养。没有太多的欲望,就会活得更加简单,更加洒脱,更加自由。

于是,在滚滚红尘中,怀一颗平和心,挡住各种诱惑;做一件平常事,学会放弃许多;当一个平凡人,简简单单生活。

传说有一种小虫,每遇一物便取来负于背上,越积越重,又不愿放下一些,终于被压趴在地上。有人可怜它,帮它取下一些重负,它爬起来继续前行,遇物又取之背负如故。它的目的是越过一堵高墙,却因气力不支,坠地而死。

紧闭的窗户前有一只蜜蜂,它不断地振起翅翼向前冲去,撞上玻璃跌落下来,又振翅飞起撞过去……如是反复不断,直至力竭而死。

人亦如此,较之物类更是固执。人总喜欢给自己加上负荷,轻易不肯放下,自谓为“执著”。执著于名与利,执著于一份痛苦的爱,执著于幻美的梦,执著于空想的追求。数年光华逝去,才嗟叹人生的无为与空虚。我们总是固执得感性,由“我想做什么”到“我一定要做到什么”,理想与追求反而成为一种负担。冥冥之中有人举着鞭子驱使着我们去追赶，我们追得到什么？夸父始终也没能追上太阳的东升西落。

适当的放弃何尝不是一种美德。或许有另一扇窗户开着，蜜蜂掉头就能飞出去。外面是自由的天，自由的地，自由的空气，自由的心。

给爱以空间

不要使爱成为枷锁，让它就像你们灵魂之间自由流动的海水。

一个卷入不伦之恋多年的女子，迟迟不能走出这个其实对她来说已经是苦远多于甜的关系里。她说：“我忘不了那些他曾经给过我的浪漫、深刻的爱的感觉。”

另一个男朋友感情出轨多次，尽管痛苦却始终不愿分手的女人则说：“和他在一起这么多年了，要分手，我不甘心！”

当爱远走，无论它是发生在自己或者对方身上，放弃和放手都是唯一的出路。因为无法放弃曾经有过的美好感觉，无法放下曾经拥有的执著，就会让更多不美好的感觉压在自己的肩上、心上；让自己和对方一起痛苦纠结，究竟是否惩罚了对方也许还是未知数，但是自己绝对是被惩罚最深的一个。因为你剥夺了自己从现在重新开始享受快乐和幸福的可能。

放手让爱的人走，并不是一件容易的事。但是，这却是唯一的方法。否则，我们就会处在无解的痛苦、气愤和沮丧之中。

所谓放弃和放手的艺术，并不单只在爱情消逝的时候存在。事实上，当爱情还在的时候，就懂得放手的智能，往往是更积极的治本的方法。

从小到大，在每一段关系里，我们都是在寻找着一方面与人联结，一方面与自己联结的双向路线。也就是说尽管再亲密，我们也需要拥有自己的空间。无论是亲子关系、家人关系、朋友关系都是如此，爱情关系当然也不例外。如果失去了这样的空间，我们很快就会觉得被束缚、觉得窒息、觉得痛苦。

因此，当爱还在的时候，懂得放手，给爱一个空间，就是一件很重要的事情。其实，如果仔细而深入地思考一下，如果我们在爱时仅仅要求双方粘在一起，往往是因为害怕、因为缺乏安全感、因为嫉妒、因为要把自己生命的意义和重量交在对方身上，而不是因为爱。

放手，给爱以空间，就像纪伯伦在"先知"中所说的："在你们的密切结合之中保留些空间吧，好让天堂的风在你们之间舞蹈。彼此相爱，却不要使爱成为枷锁，让它就像在你们俩灵魂之间自由流动的海水。"

有一个词叫"全身进退"。大概意思是指人不论在什么情况下，都能在付出的时候全心全意地投入进去，在离开的时候毫无牵挂地抽身而去。古人都知道，"吾不能学太上之忘情"，这种全身进退的理想状态，不知道在真正的生活里，有几个人能做得到。

现实里的情况是，我们往往在付出的时候不够彻底，总是有这样那样的顾虑，担心别人的看法，担心自己的眼光，担心现实里的矛盾，甚至担心一个无足轻重的细节的完美度。时间一分一秒过去了，百分百的热情似乎总没有像内心期待的那样出现过，它们都被消耗在了各种各样的顾虑里。所以到了最后，我们只能矜持地微笑，节制地用情，吝惜地计算。

我们也往往在离开的时候，不可以潇洒地掉头就走，而是一顾三叹，余情未了，在决定离开的第一秒钟里就开始痛恨或后悔。甚至是在以为自己早已全身而退的时候，却在一个似曾相识的地方和时刻里不可阻挡地想起那个人，而后觉得像被杀伤性武器击中，弄得泪流满面，心碎难当。

有人说爱的反面其实不是恨，而是淡漠。这真是一句真理。爱一个人的时候，情感都是激越的。他关心你，你便想以十倍百倍的爱去关心他；他拥抱你，你便想以更多更有力的拥抱去回应他；哪怕是他犯了什么错有了什么失误，让你对他恨得牙痒痒时，你也会想用尽全力狠狠地去揍他，掐他，打他，反正无论如何，都绝不会无动于衷地不理他。

除非是爱到殚精竭虑，爱到心灰意冷，爱到彻底绝望，心中已经不再有灿烂的火花，甚至连那些燃烧过后的草木灰的温度也没有。这种时候，想不淡漠都难。从此对你形同陌路，对你的一切也不再有任何的回应。没有余恨，没有深情，更没有心思和气力再作哪怕多一点的纠缠，所有剩下的，都只是无谓。有一天当发现对于过去的一切你都不再在乎，它们对你都变得无所谓的时候，这段爱肯定也就消失了。

所以，你要知道，恨你，是因为爱你；淡漠你，是因为不再想记起你。

全身进退，意味着在爱我的时候，你要用尽百分百的感情对我，哪怕是争执，哪怕是吵闹，你也千万别不理我。因为不理不睬意味着淡漠，意味着你的心里不再有我的位置，意味着我们不再相爱。哪怕这种淡漠是你假装的呢，在假装淡漠的时候，你自己的心一定比我的还要痛百倍千倍，那是因为你依然爱我。

全身进退，意味着在不爱我的时候，你一定要毫不犹豫地放下我，千万别回头，或是在夜深时分还想着留条短信安慰我。你要知道，任何一点不干脆的情结，都会让我像一个溺水的人一样拼命拉住你的衣襟，以为牵住了最后的希望，让你无法彻底离去，把曾经美好的感情都拖累成厌倦。

人生清理

生活不是单纯的取与舍，不要斤斤计较失去的，有时得到的比失去的更可贵。

每个在职场里的人，到了岁末年初，总要将自己的办公桌彻底清理一次——扔掉那些毫无保存意义的信件、材料，再将其他的重新进行归类整理，使之井井有条、耳目一新，给自己创造一个相对宽松、舒适的环境和一份好心情。虽然如此，总有一些东西年年都舍不得丢弃，却从未派上用场，仔细想想，连自己都觉得纳闷和哑然。人们总习惯以“可能有用”为借口而无形中保留了一件件、一堆堆“废品”和“垃圾”，直到有一天狠狠心将它扔掉，生活中也不觉得少了什么时，才明白它是多余的东西，意识到自己所犯的“错”。

随着年龄的增长、岁月的洗礼、阅历的丰富、知识的积累与沉淀，人们对生活注入了新的思考与认知，同时也对传统思想、观念进行了深刻的审视、反省与诠释，对一切诸如习惯、观念、想法、经验、爱好等无形的东西也在不断地进行筛选和更新，一些过时的或给生活造成不必要的麻烦和不便的，我们要有勇气随时丢弃它，即便要为此付出很多时间、精力，甚至要忍受煎熬和痛苦。这样一来，我们才有机会和足够的时间、精力、空间，学习和接纳一些科学的、新鲜的事物。

丢弃某些东西不易，要守护某些东西也并不轻松。

保留一份天真与单纯，坚守一份信念与追求，保留一份正义与良知，坚守一份尊严与操守、留住一份向往和梦想……

尊严、道义、气节、操守、信念、志向，它不仅仅是个人的事，它直接关系着一个民族、一个国家的声望、前途和命运，我们完全没有理由和借口来回避和拒绝，“不为五斗米折腰” 的陶渊明，“留取丹心照汗青”的文天祥，“先天下之忧而忧”的范仲淹，以及近代、当代的一些人们耳熟能详的爱国仁人志士的可歌可泣、感人肺腑的英雄事迹，启迪、鞭策、激励、鼓舞着一代又一代有识之士为了国家、民族的事业、前途、命运，置个人安危生死于度外，出生入死，即使抛头颅洒热血也在所不辞，用个人的青春、幸福、鲜血、生命换取民族的觉醒、希望和革命事业的成功，铸起一个国家、一个民族的精神之魂，建树起国家和民族的神圣尊严和繁荣富强，他们为实现各自的人生理想、人生追求和人生价值付出了惨痛或血的代价，他们的英名与事迹也随之传遍神州、流芳百世。

同时，在人欲膨胀、物欲横流的时代，面对市场经济和社会变革的激荡冲击而滋生出的种种物质的、精神的刺激、诱惑和陷阱，人们内心仍无法割舍对功名利禄的追逐，经受着种种的挑战和考验，人们的思想观念、价值观念、伦理道德也相应的发生了一系列的嬗变与革新。

到底还要不要坚守志向、信念、道德、操守、正义和良知的精神阵地，捍卫和呵护人类共同的精神家园的问题，困扰和拷问着每一个现代人。许多经得住革命战争的枪林弹雨洗礼的胸膛，却被用钞票包裹的“糖衣炮弹”所击穿；许多人能欣然地面对和迎接各种困难、挫折、厄运的挑战，却不能坦然地面对和接受“绚烂归于平淡”的事实，而晚节不保沦为人民的千古罪人。相信人们不会忘记中国 “烟草大王”——褚时健曾经为玉溪建树的辉煌业绩，但更无法饶恕和忘却在他即将“解甲归田”时犯下的滔天罪行和因此而酿成妻离子散、家破人亡的悲剧。

尽管，内在的欲望膨胀与外来的物质蛊惑的外呼内应，使一些人信仰的天平发生了严重的失衡，精神发生了可怕的癌变，最终走上犯罪的道路。但是，我们依然要提倡坚守。不管世界如何变化，我们都要像旗手保卫战旗、战士捍卫阵地，在喧嚣和浮躁中坚守我们做人的准则，呵护好我们充满正义与良知的心灵。

现实生活往往不是一种单纯的取与舍，它们总是在你死我活的较量中相随相伴而相得益彰，不要斤斤计较失去的，有时我们得到的比失去的更可贵和美好！

不做布利丹毛驴

选择没有十全十美的，要学会面对必要的丧失。

14世纪法国经院哲学家布利丹曾经讲过一个哲学故事：一头毛驴站在两堆数量、质量和与它的距离完全相等的干草之间。它虽然享有充分的选择自由，但由于两堆干草价值绝对相等，客观上无法分辨优劣，也就无法分清究竟选择哪一堆好，于是它始终站在原地不能举步，结果只好活活饿死。布利丹毛驴的困惑和悲剧也常折磨着人类，特别是一些缺乏社会阅历的初涉人世者。

17岁的英子是位中专生。刚进学校时，她最大的愿望就是“进入学生会出人头地，身处要职以便锻炼自己的社会适应能力”。不久，因为她歌唱得好（校园十大歌手之一）、舞跳得好，很快成了校学生会“代理”文娱部长。进入学生会后，她积极干好每件事，即使是小事，她也会尽最大的努力做到让上级很满意。

然而，因为没有处理好工作和学习的关系，英子的学习成绩直线下降，“60分对于我来说太万岁了。”“我的珠算课是最令人头痛的——至今还没过四级，而我的同学大都过了二级，有的甚至过了一级。”“我怕自己到毕业时什么都没学到，步入工作岗位后会被人瞧不起。”因此，她想：“我该不该辞职，退出学生会？”为了这一问题，英子有很长一段时间心里就像压了块石头一样沉重，情绪低落，敏感易怒。

在她看来，如果辞职，她就可以用剩下的一年多时间去攻读英语、电脑什么的，或者博览群书以提高自身修养，还可以用心学好专业并攻读大专，“去过另一种生活。”但她又担心：“像我这种活泼而且爱好虚荣的女孩，一旦脱离被众人注意的位置，那种强烈的反差我能承受得了吗？”“没有了社会工作，我会不会变得很空虚？”“我的竞争对手取代我成为文娱部长之后会不会反过来攻击我？”“辞职后我不是失去了很好的锻炼机会吗？”左也为难右也为难，英子希望有人能帮她拿个主意。

很多人都是因为面临多种选择却又难于选择而心烦意乱。一位毕业不久的大专生，分配在一家好单位，他觉得自己的文凭太低，想去考研，又怕读完研究生之后再也找不到这样好的工作；一位28岁的女孩，恋爱已经5年，她想结婚可男友至今还没有住房，她想分手却又舍不得这份经受了时间考验的感情；有同事给24岁的他介绍了一位女朋友，经过接触，他发现了她的聪明和善良，可心里又总觉得她长相不好看，所以进退两难；已经服役3年的她，既想早一点踏入社会，去接受另一种锻炼，又想留下来复习功课准备报考军校（报考军校就必须超期服役一年）……

现在为什么会有那么多大学生、研究生需要心理咨询？他们是不是“身在福中不知福”？大多数前来咨询的人都属于这一类——学历高的、有钱的、漂亮的、社会地位高的……因为一个人拥有较优越的现实条件，就意味着他面临更为广阔的选择空间，而可供选择的目标越多，那么在他作出决策之前，其内心的矛盾冲突也就越多。

比如择业，只有小学文化并且没有什么专业技术的人可选择的机会不多，因而只要找到一份工作，他就会很乐意地去做；而受过高等教育的工程技术人员可以从事的职业很多（包括简单的体力劳动），每一份工作都能满足他的某些需求，究竟去干什么工作，他的心里不可能没有困惑。

心理学家把这种由两个或两个以上不能同时实现的目标所带来的心理矛盾称作“意志行动中的冲突”，简称“冲突”。一般说来，冲突可分为4种类型：双趋冲突——两个或多个目标对我们都有吸引力，可我们只能选择其中一个时所产生的冲突，比如又想退伍又想读军校；双避冲突——两个或多个目标都是我们想回避的，但我们不可能全部回避时所产生的冲突，比如28岁了还不结婚和在没有住房的情况下结婚都非她所愿；趋避冲突——同一个人或同一件事物对于我们既有吸引力又有排斥力时所产生的冲突，比如喜欢她的聪明和善良但不喜欢她的“不好看”；多重趋避冲突——实际生活中，我们往往面对这样的情况：两个或多个目标中的每一个目标都对我们既有吸引力又有排斥力，此时引起的冲突就叫多重趋避冲突，比如英子所面临的困惑。

无论何种冲突，其实质都是要在几种方案中作出唯一的选择。在选择之前，我们的大脑一直会对方案进行反复的比较鉴定，这种高负荷的工作总是伴随着紧张、焦虑、烦躁、不安等负性情绪，特别是当我们面临人生的重大选择时，这样的情绪会更强烈、更深刻、更持久。每个人都无法长期忍受这种状态，因此总是希望尽早作出选择。一旦作出了选择，这种烦躁不安的情绪也就随之结束。

选择意味着放弃那些不合理的方案，同时，选择还意味着必须接受这一选择所将要带来的一切结果，这就是我们平常所说的“为自己的选择负责”。那些长时间处于冲突状态以至出现心理障碍的人，往往具有这样的个性特征：完美化。追求完美，又不愿放弃那些相对不重要的目标，因而迟迟不能作出选择，并进而错失良机。依赖性。依赖性较强的人，因为不敢承担责任，害怕面对可能到来的不良后果，所以不能独立作出选择，最终因长时间承受负性情绪的压力而加重自卑感。

以下是几点关于选择的原则性建议：

1.放弃完美化的要求，从现实入手。完美化的思想会让人产生不切实际的愿望："如果……""要是……"为了等待这些虚幻的假设，我们就会长时间地陷入内心冲突之中，并因此失去原有的自信。其实，我们面前的目标，现在都不可能是"最好的"，都需要我们作出努力之后才有可能变成"最好的"。所以，立即行动才是最重要的。

2.推迟大的决策，从小处着手。有些心理冲突是因为过早地要作出"最终决定"，可自己掌握的信息不多，一时难于作出选择。比如24岁的他，与对方接触不久，就希望得出明确的结论：要不要跟她谈朋友？由于了解不多，此时作出的选择难免不成熟。倘若进一步了解，就可以对她有新的认识——也许不再觉得她"不好看"，也许不再觉得她"聪明和善良"——那时候再作选择就不会困难。

3.切断退路，让自己别无选择。带来心理冲突的每一个目标（包括双趋冲突中的目标）对于我们都各有利弊，因此，任何选择都有其合理的一面，我们往往无法精确衡量得失之间的大与小。与其花太多的精力去作细致的比较，不如随机选取其一，专心致志地为之努力，这往往会使我们获得更丰厚的回报。比如英子，是否辞去文娱部长职务，并非她能否成才的决定因素；但如果她长久处于犹豫不决的状态，就可能导致种种不良的后果。

曾经有过一个比喻："把一对夫妇安置到人迹罕至的大森林里去生活，想必他们不会有离婚的念头，因为别无选择，他们将致力于巩固彼此的关系。"事实上，无论在人生的哪一个领域，别无选择都会是最好的选择——它能使我们集中个人有限的精力，去走好自己的路。

懂得放弃

人生难免空白和遗憾，够成熟的人才懂得该放弃时放弃。

台湾作家吴淡如谈了对放弃的理解，以下是她个人的经历：

最近不知道为什么，忽然有很多人来问我这个问题："哪有时间写稿？"

真的有啊。（因为真的还是有很多时间写稿和睡觉，所以用很心虚的口气肯定地回答。）习惯于探索"HOW TO"捷径的现代人，还是会问：为什么有呢？什么时间？

起床后和睡觉前都可以。只要我感觉这件事必须完成，而我还有力气可以把它完成。不过，我发现自己并没有以前勤快了，唯一能解释的是"年华老大，气力渐衰"，现在碰到"你还是一天写三千字吗？"的问题，总是有点汗颜。我不想拿什么"重质不重量"来安慰自己，过去有很长的一段时间，我确实有每天想写、而平均也可以写二千字的本事（问题里面多出来的一千字是以讹传讹的结果），现在，当我感觉体力不济时，我会选择睡觉，当我觉得坐得四体不勤时，我会选择游泳，当我感到自己应该放松时，我会出去鬼混——鬼混的意思是在人群中享受无所事事的快感，逛逛街，看看喜剧片和动作片，和朋友喝下午茶言不及义都可以，尽管觉得有东西要写，仍然有一股热情在心中冒了出来，在煽动着我……我还是会放弃，选择做其他的事情。

我变得比较懒了。我想，我比较知道什么时候该节制一下。尽管连节制本身都得有节制。“以前像一只牛，仰着头一直往前耕田，却不知道自己为的是什么，也没有时间嚼一嚼自己的血汗耕出的稻子啊。”一个早早进入中年、事业有成的朋友对我说：“好像很有成就感但是心里空空的，好像拥有很多，又好像什么都没有……副作用倒是不少，没注意自己的身体，搞得一身都是病……以前以为退休后可以坐豪华邮轮去环游世界，现在我发现，即使退休后环游世界，也要带着医生、护士同行，一边打点滴，一边看风景……”

我缺德地笑了笑：“如果你愿意付足够的钱，那一天你可以找到貌美如花的女护士……”

“到那一天，找到貌美如花的女护士又能怎么样呢？”他说。

好像要到某种年纪，在得到拥有某些东西之后，你才能够悟到，你建构的人生像一栋华美的大厦，但只有硬件，里面水管失修，配备不足，墙壁剥落，又很难找出原因来整修，除非你把整栋房子拆掉。

你又舍不得拆掉。那是一生的心血，拆掉了，所有的人会不知道你是谁，你也很可能会不知道自己是谁。

很多事业有成的人在这些年来开始看到，他们的房子出了问题，很多人半皈依了佛门，很多人打禅七（打的时候精神很享受，回来不久又是爱恶欲贪嗔痴了），我，还在找一种方式，但我知道，离开真正的生活，所有想迅速解决苦恼的方式，只是一帖麻醉剂。

一位心灵运动的领导者说，这世界上有八成的人太彷徨太犹豫太懒惰，但有两成的人人生过得太努力，太努力也是会彷徨的，但是，你还是得努力，到了最后，再来放弃你的努力。

不曾努力得过什么，什么都没有的人，“放弃”对他们来说是容易的，因为他们没什么好放弃。许多路即使错误，还是要走过一遍，就好像释迦牟尼，如果他的出身不是一位王子，看尽天下繁华，他不会看透，在酒池肉林和升平歌舞的背后那么空虚。一个乞丐什么都没有，没什么好放弃，但他们也没办法放弃贪婪。

我一直在咀嚼其中的味道。我想，很幸运的，我是属于那些太努力的人。有梦就追，不愿意让生命有空白和遗憾，但仍有遗憾。

除了生命不能放弃。够成熟的人，才懂得在该放弃时放弃。不够成熟的人，像我，到底还是在害怕，放弃之后，空白让我恐惧。我还在用奥修(Osho)的话安慰自己：

“如果世界仍吸引着你，如果你觉得有一些事必须被达成，那么你就要去历尽那个挫折。你将会感到挫折，那意味着你还需要到处多逛逛，你还需要误入歧途。”

我还要误入歧途，所以，看起来我做了好多好多的事。有时把自己搞得好累，躺在浴缸里喘气。

不肯放弃一个放弃了之后并不会失去什么的工作，只因我会对自己说，你可以做得比现在更好，或怕找不到更好的。

很难推拒一个不适合自己的应酬，怕人家说越来越牛了；在某些不适合的场合，想走时很难转身就走，怕自己的EQ值实在太低；很难离开一个情人，即使你知道他根本不适合你。是不是还想多得到一些什么呢？（“什么”是什么呢？我们都说不出来。)所以我们明知不能够再混沌下去,还是舍不得。耽搁无益,贪多无益,都晓得,但还是舍不得。

甚至舍不得自己的不快乐和忧郁。

曾经在把自己整得很累的工作中挣扎很久,和一个不适合自己的爱情挣扎很久,在自己的原则和人情的矛盾中挣扎很多次,凡事都想有个结果,不想和过去付出的心血在该说再见时干干脆脆说再见,所以苦。

我还在忖度,什么该放弃,什么不该放弃。看到"在你死后,一定有很多事仍尚待完成"这句话时,我苦笑了。为了那些不能放弃的,我们放弃了哪些生命中最重要的事呢?工作狂的父亲为了成就感与责任感,放弃孩子们的童年;女人为了朝朝暮暮而放弃了自己生命可能挖掘的深度;情人们为一时的小小计较和面子之争放弃可能有的爱情……如果说,现代人都会算投资报酬率,但没有人算得出,在得到一些看得到的东西时,有多少和生命休戚相关的美丽像沙子一样在指掌间流去。而我们掌中所握的生命的沙是有限的,一旦失去,捞不回来。

我的脑袋常像一个塞满食物的冰箱。

我还在盘算,什么东西应该丢出去。否则,永远不可能有新的东西放进来。不丢出去,任何东西总还是会在里头慢慢变坏;有些东西,丢了可惜,但放了一辈子,也吃不了。所谓的"人生观",大概就是如何为自己的冰箱决定内容物的去留的问题。

我们都还在盘算,什么该放弃。盘算之际,有挣扎有犹豫。没有人能够为我们决定,什么该舍,什么该留。所谓的豁达,也不过是明白,留不得,留了也应无益。

快乐总在放弃之后

生活总在取舍中选择，我们会渴望取，忽略了舍的必要。

人的情感就是这样，总是希望有所得，以为拥有的东西越多，自己就会越快乐。所以，这人之常情就迫使我们沿着追寻获得的路走下去。可是，有一天，我们忽然惊觉：我们的忧郁、无聊、困惑、无奈、一切不快乐，都和我们的图谋有关，我们之所以不快乐，是我们渴望拥有的东西太多了，或者，太执著了，不知不觉，我们已经执迷在某个事物上了。

韩非子讲过这样一个故事：一个人丢了一把斧子，他认准了是邻居家的小子偷的，于是，出来进去，怎么看都像那小子偷了斧子。在这个时候，他的心思都凝结在斧子上了，斧子就是他的世界，他的宇宙。后来，斧子找到了，他心头的迷雾才豁然开朗，怎么看都不像是那个小子偷的。仔细观察我们的日常生活，我们都有一把“丢失的斧子”，这“斧子”就是我们热衷而现在还没有得到的东西。

譬如说，你爱上了一个人，而她却不爱你，你的世界就微缩在对她的感情上了，她的一举手、一投足，衣裙细碎的声响，都足以吸引你的注意力，都能成为你快乐和痛苦的源泉。有时候，你明明知道那不是你的，却想去强求，或可能出于盲目自信，或过于相信精诚所至、金石为开，结果不断的努力，却遭来不断的挫折，弄得自己苦不堪言。世界上有很多事，不是我们努力就能实现的，有的靠缘分，有的靠机遇，有的我们只能以看山看水的心情来欣赏，不是自己的不强求，无法得到的就放弃。

懂得放弃才有快乐，背着包袱走路总是很辛苦。中国历史上，“魏晋风度”常受到称颂，他们于佛、老子、孔子，哪一家也说不上，但是哪一家都有一点，在入世的生活里，又有一分出世的心情，说到底，是一种不把心思凝结在“斧子”上的心态。

我们在生活中，时刻都在取与舍中选择，我们又总是渴望着取，渴望着占有，常常忽略了舍，忽略了占有的反面：放弃。懂得了放弃的真意，也就理解了“失之东隅，收之桑榆”的妙谛。多一点中和的思想，静观万物，体会与世界一样博大的诗意，我们自然会懂得适时地有所放弃，这正是我们获得内心平衡，获得快乐的好方法。

巴尔扎克的手杖

获得真正的幸福，必须懂得忍耐和放弃。

有个故事说，巴尔扎克有一把手杖，上面刻着："我粉碎了一切障碍。"与他同时代的另一位默默无闻的小文人，在自己的手杖上也刻了一句话："一切障碍粉碎了我。"

卡夫卡在《卡夫卡书信日记选》中写道："畏惧即不幸；但并不等于勇气即幸福。幸福只是无所畏惧，而不是勇气，勇气也许比力量要求得更多……所以不是勇气，而是无所畏惧，平静的、直视的、忍受一切的……"

这段从他的日记里摘下来的话，也许正可以作为卡夫卡一生的注脚——他并不仅仅是用笔写下了它们，而是用自己的生命去呈现了这种超乎勇气之上的无所畏惧。

作为一位对人性有着深刻理解的思想者，卡夫卡就像他那伟大的前辈——克尔凯郭尔一样，深深地理解生命的苦难并不在于紧张激烈或者动人心弦的经历之中，而恰恰就是生活本身，它的重复、平庸、无聊，它的种种琐屑的烦恼。

同样，作为一位思想者，卡夫卡比其他的人更加懂得，而且珍惜幸福的价值。但这已不再是常人所理解的幸福了，它不再是金钱、名誉、地位等等外在的标准，而成为某种仅存在于内心深处的自由，为了获得这真正的幸福，我们必须懂得如何恰当地使用我们的力量（因为我们的力量永远是有限的），必须懂得放弃和忍耐……而这一切，正是卡夫卡一生通过写作和生活所做的。

通过写作这一形式，卡夫卡为自己的抗争找到了存在的形象。当我们读到《变形记》、《城堡》、《审判》等等作品时，简直就像面对着一尊尊充满力量的雕塑，你能从那极度的变形与夸张里体会到生命的悸动与冲突。而透过卡夫卡自己的书信与日记，我们将能领受到那无穷无尽的力量之源泉，令人吃惊的是，它们竟然带着这样一些姿态：忧伤、理解、痛苦、谦卑……

关于卡夫卡，我们还可以说上很多很多，卡夫卡在中年以后曾倾心于中国的老庄之道，《道德经》的译本是他最常读的书之一。用他自己的话说，那就像一粒“彩色的玻璃球”，对他有着无穷的诱惑力，却常常“从思想的这一角滚到那一角”，令他感到难以把握（《卡夫卡对我说》）。他用一生的柔弱去追求与达到的，莫非真是那么一种天命般的“至道”？

给车胎放气

漫漫人生路，退一步是为了踏越千重山，
低一低头是为了昂扬成擎天柱。

有一道脑筋急转弯的题：飞机在高空中盘旋，目标紧紧咬住装载紧急救援物资的卡车，就在这危急时刻，前面出现一个桥洞，且洞口低于车高几厘米，问卡车如何巧妙穿过桥洞。

这道并不难的题的答案就是——把车轮胎放掉一部分气即可。在生活中时常会品味这道叫人常品常新的"难题"。开始时不是一筹莫展，搞得焦头烂额，就是硬往前撞，哪管它三七二十一，死了也悲壮。这固然表明一个人的勇气和自信，但往往会适得其反，事情会扯不清理更乱。毫无价值的牺牲，最终受害的是自己，随着"吃一堑"的增多，也长了些许的"智"，在每逢遇到类似的难题时，就会如文中开头的司机，给车胎放一点气——低一低头。

纵观历史，也有借鉴的镜子。三国刘备再三低头：从三顾茅庐到孙刘联合，每一次低头，都会踱到"柳暗花明又一村"，终于达到"三足鼎立"中的辉煌。越王勾践深深低下高贵的头，以卧薪尝胆收回旧山河。

某人在广告公司谋事，由于年轻易冲动，便得罪了经理。于是，在以后的日子里，每次开会他都自然而然成为会议的第一个主题——挨批。被批得面目全非的他，真想一走了之。但是他转念一想,如果真的走了,一些罪名不光洗不清,而且会被蒙上厚厚的污垢;再者,这是一家很有名气的广告公司,自己完全可以从中源源不断地得以"充电"。于是他坚持留了下来,整理好乱七八糟的心情,低头实干,以兢兢业业的工作来为自己疗伤,以实实在在的业绩回击谎言。一笔又一笔的业务,增添了他的信心,也让他积攒下了许多经验财富。坦率地讲,最重要的是,从中总结出"给车胎放气"的处世哲学,使他终生受益。

漫漫人生路,有时退一步是为了踏越千重山,或是为了破万里浪;有时低一低头,更是为了昂扬成擎天柱,也是为了响成惊天动地的风雷;如此的低一低头,即便今日成渊谷,即便今秋化作飘摇落叶,明天也足以抵达珠穆朗玛峰的高度,明春依然会笑意盎然,傲视群雄。

婚姻如棋

凡是相濡以沫的夫妻，只有和棋而无赢家，因为放弃了胜负心。

精通下棋之道的人都会明白，对弈者往往全神贯注又彼此互不相让，有时争得脸红脖子粗，甚至出现掀翻棋盘又和好重来的场景，颇有某种象征意味，其实下棋的过程与形式与婚姻有些相似。

婚姻若棋，对弈的永远是一男一女。两个人从相识到相爱，就是在茫茫人海中寻觅下棋对手的过程。当男女双方在鞭炮的祝福声中步入婚姻的围城，彼此的对弈就已经拉开帷幕。男人的第一步棋就是想如何讨得女人的欢心，而确定自己在社会家庭中的地位；而女人的第一步棋则是，怎样向自己所爱的人展示自己独特的魅力，让自己既美丽又动人。经过多次的反复较量，彼此开始摸透了对方的棋艺，于是，一些男人开始以守为攻，从奴隶晋升到将军，而一些女人则以攻为守，从主人变成仆人。

有一幅漫画，极其形象生动地再现了婚后男女心态的变化。婚前，一个男人晴天打着伞去追女人；婚后一个女人雨天抱着孩子追赶着打伞的男人。这就是一盘棋的一个过程。

在对弈的过程中，有的女人往往故意让男人一招，然后乘其洋洋得意中，瞅准时机，将男人置于“死”地而后快；有的男人往往装糊涂，然后趁对方放松警惕时而奋力出击。在彼此较量的过程中，出现了成功的男人和女人，而其中的奥妙却是，女人的贤惠为男人的成功架起了一道云梯，而男人的无情则为女人的成功奠定了基石。

男女双方在对弈的过程中彼此改变和影响着对方，于是，出现了这样的情景：堕落男人的身后往往有一个贪婪的女人，女人在对物欲的贪婪中，将配偶送进了牢房；成功女人的背后往往有一个愚蠢的男人，男人在对婚姻的伤害中，将配偶推上了令人瞩目的排行榜。婚姻若棋。在男女相互拼杀的过程中，往往会发生戏剧性的变化：当男人想征服女人时，自己却稍不留神成了手下败将，当女人想输掉一局时，自己却占了明显的优势。正所谓有心栽花花不发，无心插柳柳成荫。

有人在下棋的过程中相信智能，认为如何下好婚姻这盘棋至关重要，有人相信命运，认为是胜是败都无法预测。每一个人都无法避免或逃避这场令人瞩目的两性战争，在这场战争中，愚蠢者想速战速决，聪明者则力求打持久战。在你来我往的交战中，凡是相濡以沫的夫妻只有和棋而无赢家，因为放弃了胜负心。

三国中的进退策略

进退的最终效果往往与决策者的远见卓识联系在一起。

进不可御，退不可追，是古人追求的行动境界。三国时代，各种势力犬牙交错，盘根错节，对立双方有时势均力敌，旗鼓相当，进退维谷，左牵右挂。如果决策者们稍有不慎，陷入绝境，则难以自拔。进退之际，如履薄冰，如临深渊，地狱之门就在脚下，熊熊烈火尾随身后。

三国韬略家运用进退韬略，除了遵循"见可而进，知难而退"(《左传·宣公十二年》)，"力能则进，否则退，量力而行。"(《左传·昭公十五年》)等原则外，还做了大量发挥和积极的探索。

首先，在进与退的取向上，总结了不少有益的原则。决定进的根据是利、机、虚、需。见利而进，已成为当时十分明确的共识。东汉王朝的崩溃已成定局之际，各路英雄豪杰见有利可图，奋起而进。东吴在曹操大军逼近的情况下，大臣求和，君主狐疑，孙权经智囊们点悟，终于明白事理，见利而进，取得了赤壁之战的胜利。至于袁绍不乘曹操东袭刘备之际发兵南下，刘表拥兵自重，不乘曹袁官渡之战时北上，对于大利视而不见，等到对方腾出手来，则被动挨打，悔之已晚。见机而进，见虚而进，见需而进等原则，都是对以往见可而进的具体推衍。与进的根据一样，决定退的根据是害、实、强、劲。所谓识时务者为俊杰，知难而退，适可而止，避实就虚，避锐击惰等均为退的原则。

第二，深入挖掘进与退的内在联系和辩证关系，发挥退的积极性，以退为进，保持主动。曹操赢得官渡之战后，袁绍之子袁尚、袁熙统领数千人马逃奔公孙康。公孙康担心曹操攻击辽东，怕自己难以抵抗，便收留了袁氏弟兄。后来曹操征服乌丸，逼近辽东。有人建议急攻辽东，以便铲除隐患，而曹操以退为进，使公孙康杀掉袁氏弟兄。曹操深知“急之则合，缓之则离”的韬略原理，利用征服乌桓的神威和公孙康担心袁氏兄弟将危及自己地位的心理，发挥退的特殊作用，消除对公孙康的压力，以增加、突出袁氏兄弟久居辽东，鹊巢鸠占的矛盾，移花接木，借刀杀人。如果遇到必须要退的情况，韬略家们并不简单地作出退却的决定，而是采用两种方式。其一是主动退却。蜀汉建兴六年（公元228年）冬，诸葛亮出散关，围陈仓，曹真率兵相拒，诸葛亮因粮草短缺，主动退兵。其二是以进为退。嘉禾五年（公元236年）孙权北征，派遣陆逊与诸葛瑾攻打襄阳，陆逊让亲信韩扁带着信件送给孙权，建议退兵。韩扁在返回途中被捕，诸葛瑾担心泄露军事机密，急催陆逊退兵，而陆逊则不动如山，安闲如常，认为受命防守战略要地，不能示退，装出进军姿势，然后退兵，表现了高度的韬略素养。

第三，在运动中改变进退的态势，使敌方猝不及防，陷入被动挨打的状态。诸如声东击西、先纵后擒、欲战姑和、回马枪、撒手锏、拖刀计、流星锤……都是以突然的定势中断，改变进退，取得奇效的。

第四，将进退韬略运用到政治、外交、人生等各个领域，大大强化了进退韬略的使用价值。

第五，将进退韬略纳入总体目标的轨道，赋予其政治、经济、军事、外交的总体意义。进与退的决策，不再被视为孤立的一项指令或措施，而是全局中的局部，整体中的个体。曹操西进，攻击董卓的倡议，政治上收“兵以义动”、“以顺诛逆”的美名；军事上，“全制其险”，“示天下形势”，占据主动地位；外交上，联络关东联军；经济上，一决而胜，减少军事费用。只因各派势力目的不同，曹操的方案未能施行。刘备西进，政治上打着恢复汉王室的旗号，军事上能占据一方基地。孙权、周瑜的全据长江计划，西进荆、益方案，亦为全局中之关键性一步。至于退的情况，从前述的史实，自可见其总体上的意义了。

三国时代，那些未能遵循进退韬略的原理，妄进盲退，后果是极其严重的，例子也是大量的。决定进或退，是走向成败的关键。进有进的轨道，退有退的航程，而一旦进退到轨道与航程中，就不能完全受决策主体地控制了。这些轨道与航程都有其自身固有的运行规律，人们很难加以扭转，因此，高明的韬略家之所以动静得宜，进退自如，就在于对这些轨道与航程的了如指掌。贾诩建议张绣进退，与曹操周旋，前败后胜，张绣困惑，经贾诩指点，才豁然明白。诸葛亮隆中路线经关羽失荆州的挫折，蜀汉的国运，终不能昌盛。只有认清社会历史的发展趋向，把握事理、物理、哲理、心理，才能真正把握进退韬略。

三国时期那些成功的决策者，总是从长远的眼光出发，制定进退，进退的最终效果往往与决策者的远见卓识密切地联系在一起。何进、董卓、吕布、袁绍、公孙瓒、刘璋、刘表、袁术、郭汜、袁谭、袁尚、袁熙、公孙康、曹爽、孟达、诸葛恪、孙皓等许许多多将帅君臣，或因军事识略、或因政治目光、或因外交手腕等方面的缺陷、短视，进退失措，折戟沉舟，身败名裂，贻笑万年。相反，那些伟大的韬略家，识力超群，目光如炬，一进一退，往往与整个时代形势、社会趋向相结合，所以，由弱而强，由寡而众，由小而大，步步发展，一路辉煌。他们在进退之际，能绕过误区，避开盲点，将地狱之门留给对手，将熊熊烈焰烧向敌方。

中 篇
进退之间

人生就如同一次旅行，
你可以列出清单，
决定背包里该装些什么
才能帮你到达目的地。
但是，记住，在每一次停泊时
都要清理自己的口袋，
什么该丢，什么该留，
把更多的位置空出来，
让自己活得更轻松、更自在。

拥有更海阔天空的生活

背向太阳只会看到自己的阴影。

Discovery 频道里有这样一个动物纪录片：在夏日枯旱的非洲大陆上，一群饥饿渴乏的鳄鱼陷身在水源快要断绝的池塘中，较强壮的鳄鱼已经开始弱肉强食同类了，眼看物竞天择、强者生存的理论正在上演。

这时，一只瘦弱勇敢的小鳄鱼却起身离开了快要干涸的水塘，迈向未知的大地。

干旱持续着，池塘中的水愈来愈混浊、稀少，最强壮的鳄鱼已经吃掉了不少同类，剩下的鳄鱼看来是难逃被吞食的命运；却不见有鳄鱼离开，也许栖身在混水中，等待迟早被吃掉的命运，似乎总比离开、走向完全不知水源在何处还安全些。

池塘终于完全干涸了，唯一剩下的大鳄鱼也不耐饥渴而死去，它到死还守着它残暴的王国。

可是，那只勇敢离开的小鳄鱼呢？在经过多天的跋涉，幸运的它竟然没死在半途上，而在干旱的大地上，找到了一处水草丰美的绿洲。

原来物竞天择，未必强者生存，小鳄鱼有运气，但它懂得选择离开，证明了改变观念便能改变命运的适者生存哲学。

这则纪录片很有寓意，有一个成功的女人原来在工作单位上屡受某位资深的同事排挤，使她很难有所表现，最后她毅然决定离开原有的公司，从做自由接案者到成立自己小小的公司，几年下来的她如今已拥有一家颇具规模的公司，年收入是当初拿人薪水的好几十倍。

但当初排挤她的人却因公司经营不善倒闭而失业了，她一直很感激当初大力压制她的人，她说那个人给了她一个机会让她“到别处去寻找梦想”。

人生就是这样，勇于竞争做强者的人未必一定赢得最后的球赛，反而是能够自我调整、改变、开创新生活的人更能适应环境而生存下来。

改变观念便能改变命运！

背向太阳只会看到自己的阴影！

每个人都少了一样东西

每个生命都有欠缺，不要做无谓的比较。

在一个讲究包装的社会里，我们常禁不住羡慕别人光鲜华丽的外表，而对自己的欠缺耿耿于怀。

其实没有一个人的生命是完整无缺的，每个人都少了一样东西。

有人夫妻恩爱、月入数十万，却有严重的不孕症；

有人才貌双全、能干多金，情字路上却是坎坷难行；

有人家财万贯，却是子孙不孝；

有人看似好命，却是一辈子脑袋空空……

每个人的生命，都被上苍划上了一道缺口，你不想要它，它却如影随形。

你要宽心接受，体会到生命中的缺口，仿若我们背上的一根刺，时时提醒我们谦卑，要懂得怜恤。

若没有苦难，我们会骄傲，没有沧桑，我们不会以同情心去安慰不幸的人。

人生不要太圆满，有个缺口让福气流向别人是很美的一件事，你不需拥有全部的东西，若你样样俱全，别人吃什么呢?

如果体会到每个生命都有欠缺，就不会再去与人作无谓的比较了，反而更能珍惜自己所拥有的一切。

有位著名企业家说：“这辈子所结交的达官显贵不知凡几，

他们的外表实在都令人羡慕，但深究其里，每个人都有一本很难念的经，有的甚至苦不堪言。”

所以，不要再去羡慕别人如何如何，好好数算上苍给你的恩典，你会发现你所拥有的绝对比没有的要多出许多，而缺失的那一部分，虽不可爱，却也是你生命的一部分，接受它且善待它，你的人生会快乐豁达许多。

如果你是一个蚌，你愿意受尽一生痛苦而凝结一粒珍珠，还是不要珍珠，宁愿舒舒服服地活着?!

如果你是一只老鼠，你突然发觉你已被关进捕鼠笼，而你前面有一块香喷喷的蛋糕，这时，你究竟是吃还是不吃呢?!

过去的扑满都是陶器，一旦存满了钱，就要被人敲碎。

如果有这么一只扑满，一直没有钱投进来，一直瓦全到今天，他就成了贵重的古董，你愿意做哪一种扑满?!

你每想到一次，就记下你的答案，直到有一天你的答案不再变动，那就说明你成熟了！

不和老鼠打架

不要被不重要的人和事过多打搅，因为成功的秘诀就是抓住目标不放，而不是把时间浪费在无谓的牺牲上。

你是狮子，你就要选择好你的对手，对于老鼠的挑战，你要懂得放弃比赛。

有一次，一只鼬鼠向狮子挑战，要同它决一雌雄。狮子果断地拒绝了。“怎么，”鼬鼠说，“你害怕吗？”

“非常害怕，”狮子说，“如果答应你，你就可以得到曾与狮子比武的殊荣；而我呢，以后所有的动物都会耻笑我竟和鼬鼠打架。”

你如果与一个不是同一重量级的人争执不休，就会浪费自己很多资源，降低人们对你的期望，并无意中提升了对方的层面。同样的，一个人对琐事的兴趣越大，对大事的兴趣就会越小，而非做不可的事越少，越少遭遇到真正的问题，人们就越关心琐事。

威廉·詹姆斯说过：“明智的艺术就是清醒地知道该忽略什么的艺术。”不要被不重要的人和事过多打搅，因为成功的秘诀就是抓住目标不放，而不是把时间浪费在无谓的牺牲上。

怕什么，去经历再说

勇于抛开过去，走向新的旅程。

一个平凡的上班族迈克·英泰尔，37 岁那年下了一个疯狂的决定，放弃他薪水优厚的记者工作，把身上仅有的三块多美元捐给街角的流浪汉，只带了干净的内衣裤，决定由阳光明媚的加州，靠搭便车与陌生人的好心，横越美国。

他的目的地是美国东岸北卡罗莱纳州的“恐怖角”。

这是他精神快崩溃时做的一个仓猝决定，某个午后他“忽然”哭了，因为他问了自己一个问题：如果有人通知我今天死期到了，我会后悔吗？答案竟是那么的肯定。虽然他有好工作、美丽的同居女友、亲友，他发现自己这辈子从来没有下过什么赌注，平顺的人生从没有高峰或低谷。

他为了自己懦弱的上半生而哭。

一念之间，他选择北卡罗莱纳的恐怖角作为最终目的，借以象征他征服生命中所有恐惧的决心。

他检讨自己，很诚实地为他的“恐惧”开出一张清单：打从小时候他就怕保姆、怕邮差、怕鸟、怕猫、怕蛇、怕蝙蝠、怕黑暗、怕大海、怕飞、怕城市、怕荒野、怕热闹又怕孤独、怕失败又怕成功、怕精神崩溃……他无所不怕，却似乎“英勇”地当了记者。

这个懦弱的 37 岁男人上路前竟还接到奶奶的纸条：“你一定会在路上被人杀掉。”但他成功了，4000 多里路，78 顿餐，仰赖 82 个陌生人的好心。

没有接受过任何金钱的馈赠，在雷雨交加中睡在潮湿的睡袋里，也有几个像公路分尸案杀手或抢匪的家伙使他心惊胆战、在游民之家靠打工换取住宿、住过几个破碎家庭、碰到不少患有精神疾病的好心人，他终于来到恐怖角，接到女友寄给他的提款卡（他看见那个包裹时恨不得跳上柜台拥抱邮局职员）。他不是为了证明金钱无用，只是用这种正常人会觉得“无聊”的艰辛旅程来使自己面对所有恐惧。

恐怖角到了，但恐怖角并不恐怖，原来“恐怖角”这个名称，是由一位 16 世纪的探险家取的，本来叫“Cape Faire”，被讹写为“Cape Fear”，只是一个失误。

迈克·英泰尔终于明白：“这名字的不当，就像我自己的恐惧一样。我现在明白自己一直害怕做错事，我最大的耻辱不是恐惧死亡，而是恐惧生命。”

花了六个星期的时间，到了一个和自己想象无关的地方，他得到了什么？

得到的不是目的，而是过程。虽然苦，也绝不会想要再来一次，但在回忆中是甜美的信心之旅，仿如人生。

也许我们会发现，努力了半天到达的目的地，只是一个“失误”。但只要那是我们自己愿意走的路，就不算白走。

后来他写了一本书《不带钱去旅行》（The Kindnessof Stranger）。

蓝色缎带

学会接纳自己，做与众不同，创造奇迹的人。

我们很容易看到别人的优点。像某人很漂亮啦，工作能力很强啦，人缘很好啦，但我们很少能看到自己的长处及自己的价值。这也许是一种传统教育下过度谦虚的表现，因为要严于律己，所以对自己的要求与批评就很多，期望也就过高，常常造成否定自己的心态；认为自己很多地方都不够好，久而久之，就产生了自卑感，失去了自信心，认为自己的存在没什么价值，因而活得非常消沉，甚至厌世。

有鉴于此，美国的赫里丝女士，发起了一个叫做蓝色缎带的运动，希望能在两千年的时候，每一个美国人都能拿到一条她设计的蓝色缎带，上面写着“Who I am makes a difference”，也就是我可以为这个世界创造一些价值的意思。她处处散发这样的缎带，鼓励大家把缎带送给家人和朋友，谢谢这些在我们四周的人。她也四处演讲，强调每个人的价值。结果因为这些缎带的传送，引发了许多感人的故事，也改变了许多人的生命。

其中有一个故事十分发人深省：有一次这位女士给了一个朋友三条缎带，希望他能送给别人。这位朋友送了一条给他不苟言笑、事事挑剔的上司，他觉得由于他的严厉使他多学到许多东西，另外他还多给了一条缎带，希望他的上司能拿去送给另外一个影响他生命的人。

他的上司非常惊讶，因为所有的员工一向对他都是敬而远之。他知道自己的人缘很差，没想到还有人会感念他严苛的态度，把它当做是正面的影响，而向他致谢，这使他的心顿时柔软起来。

这个上司一个下午都若有所思地坐在办公室里，而后他提早下班回家，把那条缎带给了他正值青少年期的儿子。他们父子关系一向不好，平时他忙着公务，不太顾家，对儿子也只有责备，很少赞赏。那天他怀着一颗歉疚的心，把缎带给了儿子，同时为自己一向的态度道歉，他告诉儿子，其实他的存在带给他这个父亲无限的喜悦与骄傲，尽管他从未称赞他，也少有时间与他相处，但是他是十分爱他的，也以他为荣。

当他说完了这些话，儿子竟然号啕大哭。他对父亲说：他以为他父亲一点也不在乎他，他觉得人生一点价值都没有，他不喜欢自己，恨自己不能讨父亲的欢心，正准备以自杀来结束痛苦的一生，没想到他父亲的一番言语，打开了心结，也救了他一条性命。这位父亲吓得出了一身冷汗，自己差点失去了独生的儿子而不自知。从此改变了自己的态度，调整了生活的重心，也重建了亲子关系，加强了儿子对自己的信心。就这样，整个家庭因为一条小小的缎带而彻底改观。

蓝色的缎带为什么有这么大的魔力？因为它是一个提醒，提醒我们看到自己的价值。提醒我们要接受自己、关爱自己。我们可以创造奇迹、创造不同的人，不论我们是谁，都有这样的能力。也只有如此，我们才能看到这世界美好、光明的一面，也才能生活得愉快，真正地去爱，去创造生命。

与压力共处

> 乐观能丰富人的内心，使人过着积极的生活。

如何解决现代焦虑？要解决现代人的烦恼、焦虑，需要改变我们面对压力的方式。

认识压力公式

一位教授在多年的咨询经验中发现，人的压力，可以用一个公式表现：

压力=负载/自我能力

负载等于是卡车上所载的东西，自我能力就好像这部卡车的承载能力。如果上面负载的东西并没有增加，可是你现在很难过，这就表示有几个可能，一是你的自我功能减弱了，一是你在上面加了太多别的东西、太多垃圾。

例如，在办公室跟同事处不好，回家后跟家人处不好，这些压力、这些情绪，全都加到工作上去，就变成垃圾负载。这些冲突、情绪，其实跟你的工作并没有关系，但都全部被加到你的工作里面去。

减轻垃圾负载

对于这些人来讲，这位教授并不主张马上把他们原来的主题负载减少，要减少的是他们的垃圾负载。根据这个压力公式来分析，这位教授为一位处在焦虑中的女主管开了三个处方。

第一个处方是运动，因为运动可以刺激脑下垂体分泌脑内啡，使人的心情变好。

第二个处方，是尽量表现出开心的样子。他告诉那位女主管每天进办公室前，就深深吸一口气，装一装，假装高兴，感觉自己的胸口松开，把眉毛扬一扬，很高兴，振作起来，再走进办公室，并且要记得跟人打招呼。他解释，一旦你经常这样做，行为影响情绪，人真的会变得比较快乐。

第三个处方，就是笑。因为笑的时候可以产生内脏按摩。而且笑的时候，通常都会深呼吸，也会刺激身体产生令人舒服、愉快的分泌物。

几个星期下来，这位女主管真的有很好的转变，她保持运动，心情也变好了，也不再有辞职的念头了。

开发使人感到充实宁静的想法

思考的习惯，其实是可以改变的。在第二次世界大战时，有位焦虑过度而病重的士兵向医生求助，医生了解他的情况之后，对他说："我要你把人生想成一个沙漏，上面虽然堆满了成千上万的沙粒，它们只能一粒、一粒，缓慢平均地通过瓶颈。你我都没有办法让一粒以上的沙粒通过瓶颈。你我每一个人都是沙漏。每天早晨，我们都有一大堆该办的事，如果我们不是一件一件慢慢处理，像一粒、一粒沙粒通过漏颈，我们可能对自己的生理或心理系统造成伤害。"

这个沙漏的比喻，点醒了这名焦虑的士兵，不但治好了他的病，战后他也依照这个思考方式缓解生活中的压力。

在《圣经》里，耶稣曾对他的信徒说："不要为明天忧虑，因为明天自有明天的忧虑，一天的难处一天担就好了。"《纽约时报》出版人索兹柏格，在第二次世界大战时，也曾受到类似的启发，那时他经常失眠，常半夜起来拿着画布与颜料，对着镜子画自画像，虽然他完全不会画画，仍以此消除忧虑，但是忧愁烦恼依旧，直到有一天，他看到圣经赞美诗的一段，“恳请慈光引我前行，照亮我的步履；不求看清远方，但求一步之明。”他才真正能感到宁静安心。

日本经营之神松下幸之助乐观的思考模式，也成为他面对困难最大的力量。他在《松下静思录》提到，“有人常常对我说：“你吃过不少苦头吧？”我本身从来没有感觉到真正吃过什么苦头，因为从九岁到大阪当学徒至今，我一直保持着积极乐观的心态去工作。在大阪码头当学徒时，寒冷的早上，手几近冻僵，仍要用冷水擦洗门窗，或是做错事挨老板打骂，有时简直吃不消。但随即回心转意一想，“吃苦就是为了自己的将来”之后，痛苦反而变为喜悦了。从学徒养成的乐观想法，给了我后来很多正面的影响，例如景气不佳时，我仍不会叹气，反而积极认为，不景气正是改善企业体质的好机会。这样的看法和想法，不但有助于克服困难，而且能丰富人的内心，使人每日过着积极的生活。”

焉知祸福

人生路上的得失祸福，岂是一时可以论断的？

很早就看过《塞翁失马》的故事。

在远久的时候，山上的部落有个年轻小伙子，有一天到外狩猎时，非常意外地捕捉到一匹野马。他兴奋地带着野马回到了部落，好消息传遍了族内，人们无不对野马的骏美夸赞，并为年轻人的奇遇感到嫉妒。大家都说他是一个幸运的男孩。

然而好景不长，年轻人为了驾驭野马，不慎被摔下马背、跌断了腿。于是族人开始传说野马为不祥之物，才会为年轻人带来如此的灾祸。

不良于行的年轻人只得留在床上休养，家人对这匹野马心生怨怼，纷纷走避，并为年轻人的遭遇感到难过。

正巧，那时正逢兵荒马乱，族内的年轻男丁皆被抓去充军，躺在病床上的年轻人，因摔断了腿，留在家中，免受征召。族人又开始众说纷纭，赞许"良驹"为年轻人带来幸运，免于一劫。

人生路上的得失祸福，岂是一时可以论断的？

生命行进的过程中，或许会遭遇一些起承转合，我喜欢这个"少年野马故事"，它教我们用平实的心情看待人生一时的喜与忧，也用平适的心情随波成长，在不同的激流中发现一些人生的智能与契机。

挫折何尝不是老天交付的功课，挫折又何尝不该值得感激？

有人抱怨上帝——因玫瑰有刺；

有人却赞美上帝——因刺中有玫瑰。

人生无常，当下最真。

一位企业家谈及他的生死观。他说，他曾生过大病，住过加护病房，在生死一线间被拉回人间。从此思索着："我还有什么事还没做，要及时做？"他说："现在我的每一天，都过得是很感恩的生活。以前怕死，之后不怕了。像前些时候常摔飞机，我却照样搭飞机来去国内外。事业上越来越放下，志业越来越提起。"

他从死亡边缘回来后，第一个想到的就是回馈社会。他说："真正的欢喜，是亲身投入。"

兰登曾说过一段深具寓意的话："在我们一出生时，就应该有人告诉我们：你以朝向死亡前进。那么我们就会全心全意地好好生活，善用每一天和每一分钟。"

时间，由无数个"当下"串在一起。每一瞬间、每一个当下，都带有有恒的种子。抓住每一个当下，人生了无缺憾。

许多人一心想活得长寿些，与其活得长，倒不如活得好。重要的不是你活了多久，而是你活得"好"；重视生命的"亮度"而非长度。

套一句伯纳德·杰森的话：活得够长，不一定活得够好；但是活得够好，就是够长了。

有些时间专家建议你，假如自己只剩下七天生命，那么你将如何安排？和谁共度？多半的回答是：

"如果我只剩七天，我会告诉××我对他的爱。"

"如果我只能活七天，我要坐在海边，欣赏夕阳……"

大多数人都希望能做些使生命更完整的事，而且也都意识到这件事的迫切。那么,还等什么呢?为什么要等到只剩下“最后”的七天,才愿意去做这些事?为什么不现在就做?

为什么不现在就做?

失意时要懂得心宽

解铃还需系铃人，自己心上的疙瘩只有自己亲自动手方可解开，朋友的话，善良人的话都只是催化剂。自己才是起决定作用的因素。

人生偶有失意，在所难免，一向得意容易让人忘形；为失败哀怨，对现实不满也是无用之举，一切当以心宽化解之。

俗话说：“不如意事常八九。”如此人生岂不让人伤心透了？否。有句话你是知道的，叫“好事多磨”。我们应该有这个信念：失意是一种磨炼的过程，心即使在冰冻三尺之下也不会凉的。有瑞雪兆丰年之说，雪愈大，年逾丰。

“比海更宽的是天空，比天空更大的是人的心灵。”生活不论如何磨人，如何将你压缩在一个四方的小盒子里，但思维的空间是不受限制的，心灵的视野没有藩篱，无比宽广，任你驰骋。来去自如，生命的迷人之处就在这里！

站得高，你就看得远，红橙黄绿青蓝紫，七彩人生，各色不同；酸甜苦辣咸，五种味道，各有所好；喜怒哀乐悲恐惊，七种情感，品之不尽。没有一帆风顺的人生。如果一生无挫折，未免太单调、太无趣、太乏味。没有失败的尴尬和忍辱，哪来成功的喜悦？也许你就是忍受不了人情的冷暖和失败的打击，抱头哀叹，早已说过“不如意事常八九”,你自己还会遇到,那就当它是横亘于面前的一块石头吧。摆正它,蹬上去!也许视野会更开阔、心胸会更豁达呢!

人很善良,常常把宽容给了陌路,把温柔给了爱人,却忘了给自己留一点。有一句话很有用,叫“没什么”。对别人总要说许多“没什么”,或出于礼貌,或出于善良,或出于故作潇洒,或出于无可奈何;或是真不在意,或是别有用心。不管出于什么,谁让生活有那么多不尽如人意之处?如果你要劝解自己,也要学着这么说。缺少阳光的日子很忧郁,你要学会说“没什么”,失去朋友的生活很寂寞,你要学会说“没什么”。自己已经很累了,他需要一种真诚的谅解,说句“没什么”,对你自己,对自己疲惫的心灵。这么说着,并不是让你放纵所有的过错,只是渴求自拔;也不是决意忘怀所有的遗憾,只是拒绝沉溺。自己劝慰自己才管用。

人有同情心,见别人伤心——除了敌人和仇家——自己也不会快乐,总要上前劝一劝。劝告是出于善心,言语也很有哲理,然而听的人未必都能听得进去,听进去了也未必照此行事,因为剧痛使人麻木。有位女作家说:“我不劝任何人任何事。解铃还需系铃人,自己心上的疙瘩只有自己亲自动手方可解开,朋友的话,善良人的话都只是催化剂。自己才是起决定作用的因素。”

总之,失意在所难免,权且把心放宽。

每一朵乌云都有一道银色的镶边

着眼于长远的目标规划，不要汲汲于眼前的小利。

每一朵乌云都有一道银色的镶边。现在，我们先来看一个人一生中的层层乌云：他连小学都没有毕业就辍学了。

他开了一家杂货店，但是经营不善而倒闭，于是他花了15年的时间才还清债务。他竞选地方公职，两次铩羽。他竞选参议员，也落选过两次。

他每天都要忍受报纸的攻击。全国有一半的民众唾弃他，他的身体到处都是病痛，相貌丑陋，在他的总统任期内，正是他的国家最动荡不安的时期。

即使他发表的演说成为千古传颂的名言，当时的听众不是不在意，就是嫌太短了。但是一百多年来，这个人不知鼓舞着多少世人的心灵。他的名字是：亚伯拉罕·林肯。所以，要放弃失败的压力，每一朵乌云都有一道银色的镶边。

林肯的功业自有史家定论，但在他越挫越勇的过程中，支持他坚持下去的有许多因素，也许正是影响他最深的力量，鼓舞着他勇敢去克服困难。

所以我们应该从失败中找出：

1.今天我要着眼于长远的目标规划，而不是只汲汲于眼前的小利。

2.今天我要意识到自己的行动会影响到其他人，我要对这样的影响力负起责任。

所谓挫败不过是教育，不过是更臻于完善的第一步。

学会遗忘

遗忘也是上天赐给我们的一件礼物。

上天赐给我们很多宝贵的礼物，其中之一即是“遗忘”。只是我们过度强调“记忆”的好处，却忽略了“遗忘”的功能与必要性。

例如：失恋了，总不能一直溺陷在忧郁与消沉的情境里，必须尽快遗忘；股票失利，损失了不少金钱，当然心情苦闷提不起精神。此时，也只有尝试着遗忘；又，期待已久的职位升迁，人事令发布后竟然不是你！情绪之低可想而知。解决之道无它——只有勉强自己遗忘。

可见，“遗忘”在生活中有多么重要！

然而想要遗忘，却不是想象中那么容易。遗忘是需要时间的。只不过，如果你连“想要遗忘”的意愿都没有，那么，时间再长也无济于事。

一般人往往很容易遗忘欢乐的时光，但对于哀愁的经历却经常忆起，这是对遗忘哀愁的一种抗拒。换言之，人们习惯于淡忘生命中美好的一切；但对于痛苦的记忆，却总是铭记在心。为什么呢？难道我们真的如此笨拙？

不，当然不是。关键在于我们的“执著”。我们很少静下心来检查自己“已有的”或“曾经拥有的”，都总是“看到”或“想到”自己“失去的”或“没有的”。这，当然注定了难以遗忘。

的确，我们这一代的人，好像个个都太精明了。无论是待人或处事，很少检讨自己的缺点，总是记得“对方的不是”以及“自己的欲求”。其实到头来，还是很少如愿——因为，每个人的心态正彼此相克。

反之，如果这个社会中的每个人，都能够试图将对方的不是，及自己的欲求尽量遗忘，多多检讨自己并改善自己，那么，彼此之间将会产生良性的互补作用，这才是我们所乐意见到的。

相信，每一个人都希望重新见到过去那种不那么功利的社会。这就需要大家都肯放下身价，一起来学会“遗忘”——遗忘那些该遗忘的人、事、物。

我们老得太快，却聪明得太迟

逝者不可追，来者犹未小，最珍贵最需要掌握当下。

我们每个人都会突然面临人生的不幸，那时觉得留下很多遗憾。等到……似乎我们所有的生命，都在等待。“等到我大学毕业以后，我就会如何如何”我们对自己说“等到我买房子以后！”“等我最小的孩子结婚之后！”“等我把这笔生意谈成之后！”“等到我死了以后！”人人都很愿意牺牲当下，去换取未知的等待；牺牲今生今世的辛苦钱，去购买后世的安逸。

许多人认为必须等到某时或某事完成之后再采取行动。明天我就开始运动；明天我就会对他好一点；下星期我们就找时间出去走走；退休后，我们就要好好享受一下。然而，生活总是一直变动，环境总是不可预知，在现实生活中，各种突发状况总是层出不穷。

一个医生所见过的死人，比一般人要多得多。这些人早上醒来时，原本准备过的是另一个平凡无奇的日子，没想到一个意料之外的事：交通意外、脑溢血、心脏病发作等等。那艘生命的巨轮倾覆离轨，突然闯进一片黑暗之中。

那么我们要如何面对生命呢？我们无须等到生活完美无瑕，也无须等到一切都平稳，想做什么，现在就可以开始做起。一个人永远也无法预料未来，所以不要延缓想过的生活，不要吝于表达心中的话,因为生命只在一瞬间。

如果你的妻子想要红玫瑰,现在就买来送她,不要等到下次。真诚、坦率地告诉她:“我爱你”、“你太好了!”这样的爱语永不嫌多。如果说不出口,就写张纸条压在餐桌上:“你真棒!”或是“我的生命因你而丰富。”不要吝于表达,好好把握。记住,给活人送一朵玫瑰,强过给死人送贵重的花圈。

每个人的生命都有尽头,许多人经常在生命即将结束时,才发现自己还有很多事没有做,有许多话来不及说,这实在是人生最大的遗憾。别让自己徒留“为时已晚”的余恨。逝者不可追,来者犹未卜,最珍贵、最需要适时掌握的“当下”,往往在这两者蹉跎间,转眼错失。人生短暂飘忽,记得有一首小诗这样写道:高天与原地,悠悠人生路;行行向何方,转眼即长暮。正道尽了人生如梦,转眼即逝的惶恐。有许多事,在你还不懂得珍惜之前已成旧事;有许多人,在你还来不及用心之前已成旧人。遗憾的事一再发生,但过后再追悔“早知道如何如何”是没有用的,“那时候”已经过去,你追念的人也已走过了你的生命。

一句瑞典格言说:“我们老得太快,却聪明得太迟。”不管你是否察觉,生命都一直在前进。人生并未售来回票,失去的便永远不再回来。将希望寄予“等到方便的时间才享受”,我们不知失去了多少可能的幸福。

不要再等待有一天你“可以松口气”,或是“麻烦都过去了”。生命中大部分的美好事物都是短暂易逝的,享受它们、品尝它们,善待你周围的每一个人,别把时间浪费在等待所有难题的“完满结局”上。找回迷失的生命!把握当下,莫等待。

三种不同人生

人生各不相同，全在于你的思想。

老师有一天带学生坐船，当船行到湖中央时，他问学生：“有一种东西，跑得比光速还快，瞬间能穿越银河系，到达遥远的地方……这是什么？”

学生争着回答：“我知道、我知道，是思想！”

老师满意地点点头：“那么，有另外一种东西，跑得比乌龟慢，当春花怒放时，它还停留在冬天；当头发雪白时，它仍然是个小孩子的模样，那又是什么？”

学生一脸困惑，猜不出来。

“还有，不前进也不后退、没出生也死亡，始终漂浮在一个定点。谁能告诉我，这又是什么？”

学生傻了眼，面面相觑。

“答案都是思想！它们是思想的三种表现，换个角度来看，也可比喻成三种人生。”

老师望着聚精会神的学生，继续解释：“第一种是积极奋斗的人生：一个人不断力争上游，对明天永远充满希望信心，这种人的心灵不受时空限制，他就好比一只射出的箭矢，总有一天会超越光速，驾驭万物之上。”

“第二种是懒惰的人生：他永远落在别人的屁股后面，捡拾他人丢弃的东西，这种人注定被遗忘。”

“第三种是醉生梦死的人生：当一个人放弃努力、苟且偷安时，他的命运是冰冻的，没有任何机会来敲门、不快乐也无所谓的痛苦；这是一个注定悲哀的人，像水母的空壳漂浮于海底，不存在现实世界、也不在梦境里……”

亲爱的朋友，你们愿意选择哪一种人生呢？

吃亏即是占便宜

没想到那最吃亏的竟成佛，而处处不吃亏的众生，反而一直当众生！鲁迅笔下的阿Q自诞生那天起一直是被人们鄙视和诋毁的对象，但是他的那套生存哲学却挺值得现代人学习。他始终能把悲哀的情绪化解开，使之变成快乐的理由；把失败的过程反过来看做是成功的结果，进而获得胜利的喜悦。这样的人生能不快乐吗？

一个犹太人走进纽约的一家银行，来到贷款部，大模大样地坐了下来。

“请问先生，我可以为你做点什么？”贷款部经理一边问，一边打量着这个西装革履满身名牌的来者。

“我想借些钱。”

“好啊，你要借多少？”

“一美元。”

“只需要一美元？”

“不错，只借一美元，不可以吗？”

“噢，当然，不过只要你有足够的保险，再多点也无妨。”经理耸了耸肩，漫不经心地说。

“好吧，这些做担保可以吗？”

犹太人接着从豪华的皮包里取出一堆股票、国债等等，放在经理的写字台上。

“总共五十万美元，够了吧？”

“当然，当然！不过，你真的只要借一美元吗？”经理疑惑地看着眼前的怪人。

“是的。”说着，犹太人接过了一美元。

“年息为百分之六，只要你付出百分之六的利息，一年后归还，我们就可以把这些股票退还给你。”

“谢谢。”

犹太人说完准备离开银行。

一直站在旁边冷眼观看的分行长，怎么也弄不明白：拥有五十万美元的人，怎么会来银行借一美元？于是他慌慌张张地追上前去，对犹太人说：

“啊，这位先生……”

“有什么事吗？”

“我实在弄不清楚，你拥有五十万美元，为什么只借一美元呢？你不以为这样做你很吃亏吗？要是你想借三四十万美元的话，我们也会很乐意……”

“请不必为我操心。在我来贵行之前，问过了几家金库，他们保险箱的租金都很昂贵。所以嘛，我就准备在贵行寄存这些东西，一年只需要花六美分，租金简直是太便宜了。”

俗话说：“好汉不吃眼前亏。”在我们许多人的眼睛里，把“吃亏”看做是蠢人的行为，其实很多时候，我们的判断都是错误的，一些“亏”只不过是事情的表象而已。

日本有一家奇士达公司，其经营理念是：“吃亏就是占便宜，所以情愿选择吃亏一途。”对于以利益为目标的企业来说，这种经营理念，实在是令人难以置信。

竞争对企业来说，是绝对目标，可是这家公司，却像是出来行善般地经营，不免令人怀疑：公司开得下去吗？会有利润吗？

实际上，奇士达公司却快速地成长，成为年营业额两千亿日元的绩优公司。那些好听的经营理念，成了公司的发展商机。

企业最怕赔钱，吃亏的生意是不做的，而奇达公司将这些没人愿意做的生意承接下来，反而没了竞争对手，生意自然大好。社长铃木清一先生的良心经营，为社会提供了物品，也为自己带来财富。许多公司不愿损失，而奇士达却因为做损失的生意，反而带来商机。

创造财富在很多人的观念里，都是要够狠、够坏，才能在竞争者之中脱颖而出，继而出人头地。其实不然，能够成功靠的往往是正面的思想，也就是正面的道德观。

举一个例子来说，同样去买东西，两家商品都一样，一家的老板善良而温文；另一家老板冷漠而固执。请问：你选择去哪一家买？

用劣质的商品来赚取暴利，就算短期内能生存，如若一旦被人们发现了，它还能生存下去吗？永续经营可能吗？企业的存在必须是长久的，那么，在刚一开始就以优良产品来取得消费者的信赖，不是可以赚更多的钱吗？

人也是如此，我们不是只活一天而已，明天我们仍得挣扎做人，而明天会遇到什么事，又有谁知道？如果用轻视、劣质的态度做人，那做得长久吗？不如好好待人，亲切、温和地与人相处来得长久。

打个比方说吧，最吃亏的人，便是菩萨了！菩萨处处不与人计较，什么屈辱的、低下的、卑贱的、不入流的事都做，只要有益众生、有利众生的，他都一一捡起来做，只盼众生明理，只望众生成佛，结果，谁成佛了？它自己成佛了！

人间空幻，仿如水中捞金

常保知足的心，才能圆融、圆满。

佛经里有一段譬喻：一位年轻人在岸边看到水中有一块闪闪发亮的金块，他很高兴，赶快跳进水里捞取。但是，任凭他怎么捞都捞不到；最后，精疲力竭、全身既湿又脏的他只好上岸休息，没想到在水波平静之后，金块又显现了。

他想："水中的金块到底在哪里呢？我明明看到了，为什么捞不到呢？"于是他又跳下去捞，还是徒劳无功，他实在不甘心！

这时，父亲出来找他，看到儿子全身湿淋淋又脏兮兮的，问道："到底发生了什么事？"儿子回答："我明明看到水中有金块，但是不管怎么捞都捞不到。"

父亲看看平静的水面，再抬头望望树，说："你看，金块不是在水中，而是在树上！"

这则故事是在譬喻凡夫总是为名利、空幻的东西奔波、辛劳，而这一切都只在一念间。

有的人是因为"人生很苦，要赶快找到解脱的方法"或"我要求神通"所以才修行，但是修行若没有正思、正见、正念、正业，路就会走偏。

我们要常保知足的心，对人、对事物善解、包容、感恩，如此才能圆融、圆满，才不会一直想要争平等。

心里的黑盒子

清理心理垃圾，保持心理清洁健康。

心里的黑盒子，是埋藏心事的好所在。

人生是一连串的考验，每个阶段有每个阶段的问题和烦恼，心里难免郁闷，老是隐忍，有碍健康。

生活中琐碎的事很多，有些不足与外人道，有些根本不能与人道，虽然始终坚持“事无不可对人言”，但好事者众，挑拨离间者不乏其人，总在吃了亏后才觉得可以谈心事的人少得可怜。

生命的徒劳与无奈总让人癫狂，要活得轻松自在，又没有负担，非得以智能的方式处理不可；感情用事，只会将自己推入更痛苦的深渊。

处在环保意识提高的今天，理应强调心灵的环保。为了保有健康的心灵，心事也实施垃圾分类：一般的随风飘，普通的写日记，机密与极机密的放进黑盒子。因为日记有被窥视之虞，难保机密不外泄；心里的黑盒子则不会有此顾虑。

每个人大可不必担心这种做法会造成负担，因为不快的丢入黑盒子后，再回头看时已经降温，早已不复当时的激动与鲜明，只不过记忆里再添一笔罢了。

心里的黑盒子，藏着最私密的心语，独处时取出，细细品味思量，小心翼翼地收藏上锁；走出黑盒子，于现实生活里尽力、努力地扮演各种角色。

在右心房还是左心室?不!都不是!它在心底的最深处。黑盒子是疗伤止痛的良方,是自我反省的途径,能促使心情平静安定,绝对符合心理卫生。

超越痛苦

人惧怕自由和责任，所以人们宁愿藏身在自铸的牢笼中。

有一只兀鹰，猛烈地啄着村夫的双脚，将他的靴子和袜子撕成碎片后，便狠狠地啃起村夫的双脚来了。正好这时有一位绅士经过，看见村夫如此鲜血淋漓地忍受痛苦，不禁驻足问他，为什么要受兀鹰啄食呢？村夫答道："我没有办法啊。这只兀鹰刚开始袭击我的时候，我曾经试图赶走它，但是它太顽强了，几乎抓伤我脸颊，因此我宁愿牺牲双脚。呵，我的脚差不多被撕成碎屑了，真可怕！"

绅士说："你只要一枪就可以结束它的性命呀。"村夫听了，尖声叫嚷着："真的吗？那么你助我一臂之力好吗？"

绅士回答："我很乐意，可是我得去拿枪，你还能支撑一会儿吗？"

在剧痛中呻吟的村夫，强忍着撕扯的痛苦说："无论如何，我会忍下去的。"

于是绅士飞快地跑去拿枪。但就在绅士转身的瞬间，兀鹰蓦然挺身冲起，在空中把身子向后拉得远远的，以便获得更大的冲力，如同一根标枪般，把它的利喙刺向村夫的喉头，深深插入。村夫终于等不及的扑死在地了。死前稍感安慰的是，兀鹰也因太过费力，淹溺在村夫的血泊里。

卡夫卡的寓言，大部分并不好懂，这是一个稍可加以诠释的小故事。你会问：村夫为什么不自己去拿枪结束掉兀鹰的性命，宁愿像傻瓜一样忍受兀鹰的袭击？兀鹰只是一个比喻，它可以象征萦绕人生的内在与外在的痛苦。

其实，任何一个凡人，都会不知不觉地像村夫一样，沉溺于自己臆造的幻想中，痛苦得不能自拔，甚且，“爱”上自己的痛苦，不愿亲手挥掉它，尽管是举手之劳而已。卡夫卡另有一段格言，正是深明人身种种苦痛的洞彻哲理：“人们惧怕自由和责任，所以人们宁愿藏身在自铸牢笼中。”所以，村夫与他臆想的痛苦（兀鹰）同归于尽。然而这个寓言也悄悄地告诉我们：不要等待别人解决你的痛苦，只要愿意，你可以超越它，枪毙你的痛苦。

卡夫卡一直在教人们，以毅力、决心与爱心解脱自身的痛苦，以体会进入人生更高境界的快乐。

生命中的坚持与变通

能够多角度考虑问题，学会适当放弃，你就具备了成功者的素质了。

从前有两个年轻人，一个叫小山，一个叫小水，他们住在同一村庄，成为最要好的朋友。由于居住在偏远的乡村谋生不易，他们就相约到远地去做生意，于是同时把田产变卖，带着所有的财产和驴子到远地去了。

他们首先抵达一个生产麻布的地方，小水对小山说："在我们的故乡，麻布是很值钱的东西，我们把所有的钱换取麻布，带回故乡一定会有利润的。"小山同意了，两人买了麻布，细心地捆绑在驴子背上。

接着，他们到了一个盛产毛皮的地方，那里也正好缺少麻布，小水就对小山说："毛皮在我们故乡是更值钱的东西，我们把麻布卖了，换成毛皮，这样不但我们的本钱回收了，返乡后还有很高的利润！"

小山说："不了，我的麻布已经很安稳地捆在驴背上，要搬上搬下多么麻烦呀！"

小水把麻布全换成毛皮，还多了一笔钱。小山依然有一驴背的麻布。

他们继续前进到一个生产药材的地方，那里天气苦寒，正缺少毛皮和麻布，小水就对小山说："药材在我们故乡是更值钱的东西，你把麻布卖了，我把毛皮卖了，换成药材带回故乡一定能赚大钱的。”

小山拍拍驴背上的麻布说：“不了，我的麻布已经很安稳地在驴背上，何况已经走了那么长的路，卸上卸下太麻烦了！”小水把毛皮都换成药材，还赚了一笔钱。小山依然有一驴背的麻布。

后来，他们来到一个盛产黄金的城市，那充满金矿的城市是个不毛之地，非常欠缺药材，当然也缺少麻布。小水对小山说：“在这里药材和麻布的价钱很高，黄金很便宜，我们故乡的黄金却十分昂贵，我们把药材和麻布换成黄金，这一辈子就不愁吃穿了。”

小山再次拒绝了：“不！不！我的麻布在驴背上很稳妥，我不想变来变去呀！”小水卖了药材，换成黄金，又赚了一笔钱。小山依然守着一驴背的麻布。

最后，他们回到了故乡，小山卖了麻布，只得到蝇头小利，和他辛苦的远行不成比例。而小水不但带回一大笔财富，把黄金卖了，便成为当地最大的富豪。

快乐的樵夫和不快乐的王子

懂得放弃的艺术和智能后，生命于是向你展现出另外一个截然不同的景致和层面。

富有的国王有一个不快乐的王子，国王不知道王子为什么不快乐。

有一天，他问王子："你什么东西都有了，为什么还不快乐呢？"

王子说："就是因为我什么都有了，所以我才不快乐。"

不快乐的王子要去找快乐。

有一天，他遇到一位快乐的樵夫。

王子问："为什么你什么都没有，还会这么快乐？"

樵夫说："谁说我什么都没有。春天的百花是我的，秋天的明月是我的，夏天的凉风是我的，冬天的白雪也是我的；我比谁都富有，怎么会不快乐？"

不快乐的王子要找快乐。

有一天，他遇到一位快乐的樵夫。

王子问："为什么你什么都没有，还会这么快乐？"

樵夫说："谁说我什么都没有。我吃的饭和你一样多；我睡的床和你一样大；我做的梦和你一样美；你不能自由自在地到处游玩，我可以；你不能随随便便地躺在地上看云，我可以；为什么我会不快乐？"

不快乐的王子要去找快乐。

有一天，他遇到一位快乐的樵夫。

王子问："你那么穷，为什么会那么快乐？"

樵夫说："谁说我穷，你比我还穷。"

"我比你还穷，这话怎么说？"王子一脸怀疑。

"你是王子，以后会变成国王。如果再多拿一个国家来跟你换你现在拥有的自由，你肯不肯？"

"当然不肯。"

"那么自由是不是比国土还珍贵。"

"是的。"

"我比你自由，你想我会比你穷吗？"

不快乐的王子问快乐的樵夫：

"你只有一间破茅屋，我有一座大宫殿，为什么你比我快乐？"

"拿我的快乐换你的宫殿，你肯不肯？"

"不肯。"

"所以，你不快乐。"

不快乐的王子要去找快乐，可是快乐却躲起来了。

你知道快乐躲在哪里吗？

它躲在春天的百花中。

它躲在秋天的明月里。

它躲在夏天的凉风里。

它躲在冬天的大雪里。

它躲在自由自在的生活中。

它躲在没有拘束的茅屋里。

只要你知道什么时候该去闻一闻花香，

只要你知道什么时候该去听一听虫鸣，

只要你敢随随便便地躺在地上看云，

那么快乐就离你不远，它会自己来找你。

一位从事室内设计的工程师说起关于简约的空间美学的话题时说："就建筑或者室内设计而言，简约比复杂的难度还要高上许多，因为加上东西是容易的，可是要减掉东西，却需要更多、更敏锐的美学素养与判断力。"

其实，要懂得放弃、放掉的智能，何止是在空间设计上困难而已。在人生中，它是更大、更深的课题。从呱呱坠地开始，我们一直学习的都是用加法来面对人生的课题。从生理上的吃饭、长大；心理感情上得到的爱与关怀；知识上的不断学习与吸收，到物质或成就上的累积成长。

一直以来，我们不断地把各种有形、无形的东西加在我们的身上，好让我们富有、充裕，让我们壮大、盈满。我们相信，当我们在各方面都"长得像大树一样大"的时候，就是离快乐和富足的心境最近的时候。

可是，这样的信念却在某些时候，成为卡住我们，让我们困惑、凝滞的关键。因为加法并不是面对人生课题时唯一的方法，有些时候，你必须用"减法"才能够解得开。而所谓的减法，正是放弃与放手的艺术。

回头看看（或者想一想自己现在的生活处境），因为不能放弃、不能放手，我们因而面对了多少无解的痛苦？因而深陷在无法自拔的困境之中！这些看似无解、凝滞的痛苦与困境，往往就在我们懂得了放弃和放手的艺术与智能之后，豁然开朗。生命于是向你展现出另外一种截然不同的景致和局面。

自欺欺人

回忆过去一秒所发生的点滴，留意这一秒所遇见的惊奇，期待下一秒将来的感动。

有一篇文章说：“人在学会死亡后，才学会过人生。”

的确，人们总是自认自己知道有一天将会死亡，也向人说他们能够平心地去了解、接受。但你相信吗?这都只是人们的自欺欺人罢了，其实说这些话的人，他们只看重在“我知道死亡这件事”，内心却总希望这一天不要来到；常忧心自己不知道哪一天会死亡的那些人，他们花费太多时间烦恼、害怕生命旅程的尽头，而忘了生命正一点一滴地流逝。

假设在你的肩膀上停有一只鸟，这只鸟每一天都在提醒你时间不多了，你将会死亡……那么，这个人到死，都还是没学会什么叫人生；因为他每天只会想着“我会死、我会死……”而放弃在还活着的这段时间内，做许多有意义的事。

何必呢？既然每个人都随着自然界的循环出生、成长、衰弱、终至老死，为什么要花时间去在意它？古人说“生死由命”，那就表示人一生要活多久，上天早就为你安排好了，根本轮不到你去烦恼这件事！那么，未来会不会死，那都是未来的事，我们不能去预测、更别提异想天开地想去防止它的到来；我们唯一能做的，就是珍惜每一天、每一分、每一秒。回忆过去一秒所发生的点滴；留意这一秒所遇到的惊奇；期待下一秒将来到的感动。

这样的人生真是丰富啊。每一天，都处在为发现新世界所付出的忙碌中；如果每个人都学会死亡的不可预知，就会在不知不觉中学会了妥善利用生命的每一刻、珍惜身旁的每一个感动。你会渐渐地发觉，你所未曾去注意的事竟是如此的美好；也会领悟到，原来，燃烧生命，让它的火花充满在每一个角落竟是如此的耀眼，即使它只停留短暂的瞬间。

借着死亡，我们看到的不只是生命的脆弱，人性的丑陋，也看到了光明的一面——人生的美好，这一生，是无法用物质去估算的；这一生，是无法再重来的；这一生，是独一无二、无可替代的！

然而，学会死亡并非易事，应该说……这是人类无法突破的瓶颈，因此，你并不用真的必须学会死亡才能享有人生，只要你自认活得快乐、了无憾恨，没有浪费，那，你就找到比——先学会死亡才学会人生——更快的自我提升的快捷方式了。

“人在学会死亡后，才学会过人生”？有必要“学会死亡”吗？好好把握当下不是更有意义、更重要吗？

生命中最艰难的时刻，是当所爱的人离开人世。再多的不舍、不甘、不愿，都无法挽回生命的逝去；再多未曾说出的话语、未曾表露的情感，再多未竟的梦想，也都不再有任何表达的机会。面对这样最巨大的伤痛时，放弃和放下，仍然是唯一能够穿越的钥匙。

无论有再深刻的悲痛、再多的不舍，就让它随着泪水倾泻、流淌，然后轻轻地、带着满满爱放开它——当我们勇敢而坦诚地接纳心碎后的痛苦。

再生的力量，以及对于生命不同的视野，才会从伤口之间进来。于是温暖的回忆，与往前开展的新生活会同时存在我们的身上。

放弃和放下不代表全然的遗忘。心里面那块将永远空着的位置，是我们与远逝的所爱联系的地方，也是一片源源不绝的源泉，让我们再往前前进时，拥有更丰沛、温暖的力量。

先处理心情，再处理事情

让负面的情绪远离，用乐观积极的情绪迎接人生。

法国名将拿破仑，曾统兵数百万，所到之处战无不胜、攻无不克；但是他说："我就是胜不过我的脾气！"

是的，人往往"胜不过自己的脾气"在遇到感情挫折、情绪困扰时，就是想不开，钻牛角尖，以致怒火中烧，逼自己走上极端。可是，人必须懂得 EQ 中最重要的"情绪忍受力"，也要知道："脾气来了，福气就没了！"我们不能让自己处于气愤不已的状态，要懂得"让情绪换跑道"，绝不能使"情绪的癌细胞扩散"啊！

因此，生活中的"EQ 高手"，必须要知道，遇到冲突、生气时，一定要"先处理心情、再处理事情"，"凡事多思考，切勿轻易发怒"，而且，"不要急着说，不要抢着说，而是要想着说！"

毕竟，人活着，不是要"斗气"，而是要"斗志"！人活着，不是要比"气盛"，而是要比"气长"！人活着，不是要"争一时"，而是要"争千秋"啊！

想一想，"我"这个字是哪两个字的组合？是"手"和"戈"对不对？老祖先造字真有创意，"手拿着刀剑、干戈"，竟然是变成"我"这个字。所以，人常常是很自私，很防卫的，谁冒犯我，惹我，欺负我，我就拿"武器"和他拼命、干架。

可是，这样值得吗？前些时，有些失学的青少年，无所事事搞帮派，为了抢地盘，19 岁就把昔日同学砍死；而一名女研究生，为了博士班的男友，也把同班好友（情敌）用化学药剂害死！也有一父亲在暴怒时，一时失控，一巴掌把小女儿打成耳膜破裂，造成终身耳聋！且让我们记得："愤怒，是片刻的疯狂！"

我们不能让自己的情绪只有"幼儿园的程度"，我们必须学习"转念"，"少点怨恨，多点包容"、"多洒香水、少吐苦水"，让负面的思绪远离，而用乐观的正面思绪来迎接人生啊！

所以，"EQ 高手"也必须了解"人际沟通力"的重要；因为"山，不需要依靠山，但是，人需要依靠人"！让我们珍惜每次相遇、相处的机会，学习"给人信心、给人欢喜、给人方便"；同时，也别忘记生活不怕严厉批评，喜悦来自真心接纳！

整个杯子就是圆的

放弃自我的偏见，就能在人际沟通中寻得祥和。

每个人都有缺点，若人不去计较缺点，则每个人都是很好的人。

在美国发生一件趣事：加州有位女士养了一只珍贵的鹦鹉，非常可爱，但是它却有一个怪毛病，常常咳嗽，而且声音重浊难听，喉咙里好像塞满了令人作呕的痰。女主人十分焦虑，急忙带它去看兽医，唯恐它患上了呼吸系统的疾病。

不料检查结果，鹦鹉完全健康，没有毛病。问题出在女主人身上，因为她抽烟，所以经常咳嗽，这只鹅鹅只是惟妙惟肖地把主人的声音仿得以假乱真罢了。那女主人若有所悟，立即戒了烟。

这个故事，能否给予我们一点启示呢？人的通病，总觉得别人不是，自己总是对的。殊不知大家来自不同的生活层面，所见所想的角度和程度不一样，加上个性、知识的差异，便形成观念的分歧；特别是以“自我为中心”，故此社会上常有不愉快、不和谐的事，乃至极大的争端发生。

谁不希望在此纷乱的尘世，寻求一点祥和与温馨呢？

日本有个著名的法师为了医院的事，前去拜访一位董事，那位董事端出一杯茶招待法师，当时她突然发现杯子稍有缺口，于是，很不好意思地说："师父，很抱歉，这杯子缺了一角……"法师回答："缺角的地方不去看它，整个杯子就是圆的。每个人都有缺点，若不去计较缺点，则每个人都是很好的人。"

何必在意

会用乐观豁达的心态对待没有得到的东西，他们都有快乐和愉悦的心情相伴。

古往今来，学会放弃的典故和事迹不胜枚举。明朝时，山东有位叫董笃行的人在京城为官。一天，他接到家母来信，说家里盖房子为一堵墙与邻居发生争执，希望他能出面为家里讲话。董笃行接信后写回了一首诗："千里捎书为一墙，让他三尺又何妨。万里长城今犹在，不见当年秦始皇。"董母读后觉得有道理，于是主动退让。这个故事至今还传为美谈。有些人为了实现自己的理想，甚至放得下生死，民族英雄文天祥为此留下了"人生自古谁无死，留取丹心照汗青"的千古绝唱。

尽管人生奋斗不止的目的是获得，但有些东西却是不能不学会放弃的，比如功名、利禄、美色……学会放弃，在深秋时可以感受到夏天的热情，春天的柔情，冬天的真情。但是，放弃并不是悲观失望的退却，而是"扬弃"。

学会放弃，是放弃那种不切实际的幻想和难以实现的目标，而不是放弃为之奋斗的过程和努力；是放弃那种毫无意义和拼争和没有价值的索取，而不是丧失奋斗的动力和生命的活力；是放弃那种金钱地位的搏杀和奢侈生活的创造，而不是失去对美好生活的向往和追求。

面对纷繁复杂的世界和物欲横流的社会，懂得放弃的人，是会用乐观、豁达的心态去对待没有得到的东西的，他们每天都有快乐和愉悦的心情伴随左右。而不懂得放弃的人，只会焦头烂额地乱冲，他们不仅最终未能达到目标，而且每天却陷于患得患失的苦恼之中。

也许放弃当时是痛苦的，甚至是无奈的选择。但是，若干年后，当我们回首那段往事时，我们会为当时正确的选择感到自豪，感到无愧于社会、无愧于人生。也许正是当年的放弃，才到达今天的光辉极顶和成功彼岸。

有一首老歌，歌词最后几句是这样的："原来人生必须要学会放弃，答案不可预期；原来结果最后才能看得清，来来回回何必在意。"是啊，人生在世，何惧放弃！

欧洲金雕筑巢于高山悬崖，它以尖利的喙和强壮的爪宣布自己是天空的王者。金雕一窝，只孵出两只幼雏。在食物不足的年份，小金雕就会挨饿，金雕妈妈也只能眼看着孩子饿得嗷嗷叫。到这时，两只小金雕就用力互相挤靠，结果总是相对弱小的那只被挤下山崖摔死。而这时的金雕妈妈又总是容忍这种"兽行"。

人是难以理解金雕的，但是面对残酷的饥饿，金雕必须如此，否则就会全部饿死。岂止金雕，我们人类不也时时面对着痛苦的放弃么？

情商启蒙

> 不是所有的孩子都能成为卓越的人，因材施教才符合成长规律。

社会转型必然带动升学、就业和生存方式的转变，跨世纪的一代面临的是复杂的人际关系、剧烈的生存竞争、频繁的职业变动、下岗失业的威胁等现实问题，适者生存的自然选择规律，要求现代家庭首先要将孩子培养成一个能独立生存的人，再努力将他培养成一个对社会有用的人。

也就是说，教育子女必须重视情商的培养。情商(EQ)又称情绪商数，它表达的是一个人控制自己的情绪、承受外来压力、合理把握自己心理平衡的能力，情商比智商在更大程度上决定着一个人的工作、爱情、事业、婚姻、人际关系及整个人生的起落浮沉。

学会放弃是智能之举。并不是所有的孩子都能成为艺术大师、专家学者、政坛新秀或全能冠军，因材施教才更符合人的成长规律，因此放弃在许多时候是一种明智之举。

学会放弃，就是教育孩子，在利与益面前要正确取舍，在应该放弃的地方果断放弃，在不应该放弃的时候，勇往直前地挺住。

家长的最大愿望莫过于孩子未来拥有一个健康、成功、自在的幸福人生，而一个人成功与否主要取决于能力(智力和非智力因素）与机遇，而中国目前的家庭教育往往重视智力因素的开发和培养，却忽视了非智力因素对孩子命运的影响。这种缺乏全面发展的家庭教育引发了越来越多的情绪化少儿问题，如离家出走、自杀、焦虑、厌学厌食、孤僻、恐惧，一些从北大、清华名牌学府出来的高材生，由于缺乏智力以外的心理素质，缺乏在生活中承受社会挫折的应变能力，走上社会同样有不少人连工作都不能胜任。因此在开发少儿智力的同时，如何培养孩子自信、自重、百折不挠的品性，已成为现代家庭的焦点问题。

生存环境的变化、价值取向的调整必然引发教育模式的革命，这场世纪末的育儿革命，呼唤现代家庭走上智力开发和情商启蒙教育并重的现代家教之路。

父母最怕孩子出事，最怕被老师叫到学校听“批评”，最怕看到孩子不如人，但这都是育儿过程中不可避免的。

即使你博览群书、未雨绸缪，很多事情也并不会像你预期的那样顺利。也许你会认为孩子应该自觉主动地学习，孩子应该对父母诚实，孩子应该懂事了……而最后的结果往往都是“不应该”式的埋怨：孩子不应该不会，孩子行动不应该这么慢，孩子不应该这么做……

为什么呢？因为“应该”的事多是我们的理想，我们的期望，是完美的假定。

面对孩子的“过错”，许多成人善用的方式是“动武”与“软禁”。在苦口婆心的劝说变得“苍白无力”后，往往就会条件反射地想起“不打不成才”的古训。孩子被“打”后几日难得的“乖巧”更增添了“动武”的意义。但很多时候“动武”只让孩子记住了“痛”，而忘记了“痛”的根本原因。父母只强调“以后还做不做”，却忘了教给孩子“以后怎样做才好”。如果日后又犯了错，孩子还可能因为“痛”而“说谎”，这样一来非但未解决前面的问题，还多了个让父母“深恶痛绝”的毛病。

因此，面对“过错”请慎“动武”，愤怒时的打骂，可能最大的好处只在出了口气。

“软禁”则是父母将孩子“监控”起来：孩子做作业父母旁边陪；孩子要出去，父母左右伴；孩子去学校，父母变“密探”。总之，为了避免孩子“犯错”，尽可能不让他单独行动。结果是“孩子没有主动性”，“孩子连基本的时间观念都没有”，“孩子的自理能力很差”……没有父母在什么都一塌糊涂。

那么到底该怎样对待孩子的“过错”呢？

其实，“过错”在孩子的成长中，有着很大的意义。孩子“犯错误”，是因为他们“无知”。“过错”只是孩子为了满足自己的需要，而采取的不恰当的方式。比如：孩子因为考试失败而对父母说谎，只是因为他不想挨批评甚至挨打，而且也想不到更好的方法；孩子不能按时完成功课，只是没有学会时间的合理安排；孩子爱看电视，只是没有找到更有趣的事做……所以孩子有了“过错”，实际上是在提醒父母，要在哪一方面去引导他，教给孩子合理的做事方式，比一时气急痛打一顿或者干脆取消孩子的“独立性”有效得多。

在孩子的成长中，请允许“过错”发生，请包容“过错”，先不要发怒、失望与伤心；请放弃完美的构想，而应给出实实在在的建议。如果你不能接受孩子的“过错”，孩子也不会接受你“应该”式的教诲。更不可以因为孩子的“过错”剥夺他们继续尝试的权利，越俎代庖！

转行的进退原则

以退为进，避免人生的死胡同。

“宁可收入减少，也要转投他行”这样的建议的确不讨人喜欢，但在职场中发展犹如爬树一样，当发现自己所攀缘的枝干已经腐朽时，唯一可做的事就是退下来，换一个方向继续爬。

行业转换是不可避免的。世界经济正在飞速发展，新的行业模式及新的职位不断出现，谁也无法保证十年之后自己不换工作。在这种情况下，一个人需要不断掌握新的工作技能，以适应新的工作机会，这其中当然要付出相应的代价，问题的关键是这一代价是多少以及是否值得。

让一个人放弃他（她）所熟悉甚至已有成就的领域而转投他行确实不易，不但要从头学起，从头干起，而且还要承担经济上的损失和精神上的压力，但如果将这些都看做是投资的话，整个事情就变得相对简单：你并不是在换工作，而是在对一新领域进行投资。

在转换行业时，就像另选树干。还有一个退下来的过程，在这一过程中，收入的减少和职位的降低很难避免，但只要再选的方向正确，这一现象只是暂时的，超越旧有职位与薪水只是时间问题，所谓退一进二，即是此意。

在旧有树干上爬得越高的人，退下来转爬新树干的难度也就越大，一个人不管在旧树干上爬得多高或多低，只要他认为转换方向是必然，则千万不能犹豫，等待、观望的时间越长，他所付出的代价也就越大。相反，越是及时做出反应，其相应代价的可控制程度也就越高。

学会放弃，还应该舍得放弃求而不得的事物。追求目标的过程中，发现尽力而为之后，此事依然与自己无缘，就应该潇洒地放弃，另辟发挥自己才华的道路，使自己的生命另有价值。树挪死，人挪活，挪挪窝儿，是以退为进，避免人生中的死胡同，寻觅欢乐的人生之道。

洗 心

内心的垃圾需要日日清理。

王阳明写过一本书，里面有一段记载说：有一个名叫杨茂的人，他是个聋哑人，阳明先生不懂得手语，只好跟他用笔谈，阳明先生首先问："你的耳朵能听到是非吗？"答："不能，因为我是个聋子。"问："你的嘴巴能够讲是非吗？"答："不能，因为我是个哑巴。"又问："那你的心知道是非吗？"但见杨茂高兴得不得了，指天画地回答："能、能、能"。

于是阳明先生就对他说："你的耳朵不能听是非，省了多少闲是非；口不能说是非，又省了多少闲是非；你心知道是非就够了。"倒有许多人，耳能听是非，口能说是非，眼能见是非，心还未必知道是非呢！你我都可能如此，耳能听是非，口能说是非、眼能见是非，而心还未必知道是非的一群！

我们有很多的是非，都是听来的，人家第一句话，就叫你暴跳如雷，第二句话就叫你泪流成河，那人家岂不成了导演，而我们也就当了演员。还有很多的是非，都是说出来的，所谓"病从口入，祸从口出"。哪怕两片薄薄的嘴唇，都会把人间搞得乌烟瘴气，鸡犬不宁。可见很多的是非都是听来的，都是说出来的。

你为什么那么痛苦，就是因为你太执著，看不开、也放不下，自然把自己给绑死了，而不得解脱，若能看开了放下了就不至于如此。

如何创造幸福人生，为什么用创造呢？第一，所以用创造，而不用追求；因为创造主权在我，要不要？要，就可以得到，而追求，往外追、往外求、万一追不到，求不得，烦恼还是要来的。

所以用创造，而不想用追求，快乐幸福才是真的，学问好、名位高、财富多，也是为了快乐。假如钱很多很多而不快乐，那个钱宁可不要，对不对？人人都有机会贪污，为什么大家都不想贪污？因为贪污就是取之不以道，道者理也，理得心安，理不得，心难安，所以就不要了。假使你拥有了一切，而丧失了自己，那还是非常的痛苦，这叫本末倒置，舍本逐末，效果不彰。所以快乐、幸福非常重要。

快乐是要自己快乐，让别人来分享你的快乐，每天早上垃圾车来把垃圾全部带走，有形垃圾容易处理，无形的垃圾最难处理；什么是真正的垃圾呢？怨、恨、恼、怒、烦，这才是真正的垃圾，假若今天你把这些垃圾，请垃圾车全部带走，你今天就没有垃圾了。

以前有个人名叫商汤，他的洗澡盆写了九个字，“苟日新，日日新，又日新”，商汤在洗澡的时候，外洗身，内洗心，所以他在洗完澡后身心舒畅。就是说，他洗澡时外去身上污垢，内去内心的渣滓，所以他洗完澡身心都很舒畅。我们现在一般人洗澡，只洗身，不洗心，在洗澡的时候，还怨这个恨那个，真糟糕，不洗也罢。真正的洗澡，应该是外洗身，内洗心，把身体洗得干干净净。

放弃受害者意识

放下心里的包袱，敞开自己的胸膛，积极对待每一天和每一个人。

我们在现实中常常可以看到这样的情景：当一个人拎着沉重的东西登上公交车后东张西望地期待有人为他让座时，往往没有人去理睬他；而当一个人满头大汗抱着重物久久站立时，却会有人向他招呼道："请到这儿来坐。"

也许读者会很奇怪，同样是背负着重物的人，为什么他们却遭到不同的待遇呢?道理其实很简单。前者心存受害者意识，希望有人来同情他所处的境况，这反而引起了他人的反感；而后者则持有积极向上的态度，博得了他人的敬仰，于是给予了他及时的帮助。

从这一小小的例子，我们可以看到一个简单至极的做人哲学：我们应当放弃受害者意识。

有人说女性是弱者，很大程度上是指女性是生活、感情上的受害者。

比如一个妻子发现丈夫有外遇之后，便开始哭哭啼啼，一副可怜的委曲样儿。说句实话，当丈夫看到妻子这副受害者的架势，反而更加心存厌弃，因为在这个世界上，没有人喜欢懦弱的人。还有一种妻子干脆大吵大闹，还寻死寻活地说："我是一个受害者!"这时她的丈夫多半不会及时回头，他的心里也是很不情愿的。

如果处于当时境况的她，心里放弃受害者意识，以一种自尊自强的形象出现在丈夫面前，她的丈夫又会怎么做呢？他一定不会像刚才那样心存厌恶，反而滋生怜惜了呢！只怪懂得这种心理的妻子实在不多啊！

时下大都市里开通了不少情感专线，以便感情上的迷惘者寻找到生活的支点。

其中不乏感情上的受害者，但他(她)往往不是向主持人询问以后生活的方向，而是滔滔不绝地诉说着自己受害经历，更有甚者一直哭哭啼啼地说上一个多小时。主持人一定也听得很累。这不是针对他(她)的发泄内容，而是这种方式极不可取。以一种极端受害者的形象来表现自己的痛苦，只会使自己变得丑陋，潜在的暴露出无能与自卑。而且也不能从根本上解决什么，改变什么。

再看两个不同心态的下岗人，我们也可能有所启示。A君下岗后，觉得自己还不到退休的年龄，于是到处求职，终于觅得一份里弄工作的差事。平时，他出出黑板报，打扫打扫办公室，工资虽不高，却也做得有滋有味，得到了居民与里弄干部的认可与好评；B君呢，自从下岗后，心里就很不平衡，天天闷闷不乐，逢人就念自己的苦经，发泄对社会的牢骚，久而久之，朋友们便不再上门，妻子也对他这副生活模样感到反感。

如果你有这两个朋友，你一定不会与B君深交的，因为他不是一个成熟的人。

现在的孩子娇生惯养，更是养成了与生俱来的受害者心理。在中国，一个三岁的孩子跌倒后，很委屈地大哭一阵，引起父母或旁人的注意，本能地希望有人扶他起来。这就是一种不健康的受害者心理。国外的有些父母一般不会去扶孩子，孩子哭够了，知道只有靠自己了，自然就会爬起来。让孩子有了这种童年时期的锻炼，他们长大后就不容易具有受害者意识，更为坚强独立。

看了上述不少例子，你是否有些感触呢？每个人都应该走好自己生命的每一步。你只要活着，就应该放弃受害者意识，敞开自己的胸膛，积极地对待每一天和每一个人。

麦当娜的减岁哲学

时光流逝，年轻的心境却永不会磨损。

当年惊世骇俗的麦当娜转眼已经步入中年，进入了人生的成熟期。但是她一样有惊人之论。她表示说虽然生理年龄是一回事，但是她却认为自己必需减五岁！

她的理由有四个：当年与西恩·潘的婚姻，可说是有一整年是浪费掉的，因此必须减去一岁。她与女喜剧演员珊德拉·班哈特为争女儿而翻脸，因此两年的友情算是空白，又要减两岁。接下来是她曾经演出过大烂片《赤裸惊情》，所以这一年也不能算。最后是演出《狄克崔西》时与华伦比提的恋爱谣传，那一年等于是浪费她的生命，因此必须要减掉那一年。

如此推算下来，果然她又多了五岁！真的可以理直气壮地再年轻一次了！

想想看，你是否也有些岁月是浪费掉，需要重过的？花了五年时间爱错了一个男人？减掉五岁吧！因为失恋而消沉了一年？减掉一岁！花了两年时间做了一个不喜欢的工作，减掉两岁！这样算下来，你是不是又年轻了几岁？时间对你再也不是压力了！你是不是又可以重新开始尝试崭新的生活？你是不是又有勇气另起炉灶了？

其实时间是供我们垂钓的溪流，在这条溪流中，我们想要抓住星星、月亮或鱼群、水草，机会完全掌握在我们的手中。汩汩的河水流逝了，年轻的心境却永远不会磨损。

法国思想家蒙田说："我宁愿有一个短促的老年，也不愿在我尚未进入老年期就老了。"

好好掌握自己的生命，运用减岁哲学将使你的心情永远不会衰老，永远有机会重新开始，永远敢另起炉灶！

其实个性不合才正常

婚姻中两人的不合是一件完全合乎逻辑的事。

一群结婚已相当久的朋友聚在一起，谈起婚姻里的个性冲突，在场的所有人的婚姻竟然皆无一幸免。

这岂非怪事？当初两情相悦，自认个性相合、才会非君莫嫁，非卿不娶。为什么结婚几年后才来抱怨对方与自己的种种不合？

是爱情使人盲目？还是结了婚的人变得更独具慧眼？使他（她）在别人眼中还不错的配偶，却遭到许多独到的批评？

曾经举过这个实例：先生爱滥买东西，家中堆积如山。床头放满，就堆放地上；地上堆满，就占走廊。妻子疲于打扫整理，于是每次出门或旅行，先生一买东西，两人就开始吵架。谈起这一点，做妻子的恨得牙痒痒。

另一对夫妻，妻子个性耿直，说话坦诚，一说话必得罪人，得罪人后还不认错。而丈夫却认为世间根本没有对错的道理，只有保持和谐的需求。于是，妻子整天想热战而苦无对手，因为丈夫采取冷战态度，彼此话不投机，婚姻关系日趋冷漠。谈起老婆，丈夫一脸无奈，令人同情。

个性不合的故事，有千种万状，形形色色，其复杂、其特异，常令局外人惊讶，这随手拈来的两个范例，就是局内人深受其苦，而旁观者很难了解的“不合”僵局。

所以，我们不免要问，既然个性不合，当初为何会结婚呢？

答案其实很简单，婚姻中为何有那么多不合？就是因为彼此结婚了！若和一位个性不合的人只做朋友，很多个性的难缠处根本没有机会碰触到；个性不合的同事或上司，再不合，也有职位权限的约束，必须维持表面的合作及安全的距离。

但是，在非常封闭、亲密的婚姻关系里，距离很近，短兵相接，个性不合的潜在因子完全得以自由彰显，那可就难缠了。

由于利害与共，做朋友时不见得构成麻烦的不合之处，都会突显成大问题；由于关系密切，别人可以一笑置之的差异，婚姻中人却可能因长年累月的忍受而感到痛苦难耐。

在婚姻里，“最好的和最坏的都给你”是常见的游戏。

如果和同事吵架了有后遗症，和朋友吵架对方会掉头而去，大不了你也可以与他断交。

只有配偶和小孩，无论你怎么骂他，只要还没有到撕破脸的地步，他（她）都不能一走了之。

“看我能勉强你到什么程度而你不会走掉？”这又是婚姻里的另外一种游戏。所以，“不合”成了大问题。

既已结了婚，不能像换个公司或与人拆伙那样潇洒地向“不合”说再见，只能在发现“不合”的事实后想办法与之共同生活。

而且，要小心维护，不要让与“不合”勉强共处的怨气及无奈侵略了爱情的地盘，使婚姻中的“不合”现象扩大，而感情的相合逐渐消失。

妙的是婚前的“相合”，也可能正是婚后的“不合”。

恨丈夫乱买东西的老婆，婚前可能正是因为对丈夫的慷慨印象深刻而心许；讨厌老婆直话直说的丈夫，当初就是因为欣赏这个女人谈恋爱的坦诚大方啊！

既能载舟，便能覆舟。婚前的“相合”，可能就是婚后的“不合”，只是我们在选择对象的条件而心动时，常常见树不见林，没有远见而已。

这个发现，使几位因个性不合而在婚姻中受苦的朋友释然。

原来，结婚之后硬是会发现：怎么就有许多不合之处？

本来就是一件非常合乎逻辑的事。

完美主义难快乐

人应该将目标和方法订得灵活一些，才能退一步海阔天空，而不是钻牛角尖。

一个人如果对自己和他人要求过高，总是追求完美，我们就称这种性格为完美主义。完美主义的性格首先表现为固执，刻板，不灵活，给自己或他人设定一个很高的标准，非要达到不可，受到挫折就感到很痛苦，不能接受。

某著名汽车制造公司的总经理就是这样的人，虽然他们公司的销售还不错，但离他的高标准有些差距，他不能忍受，跳楼自杀了。有位软件设计工程师在编程序时要求自己像写古诗一样把字节写得都一样长，结果他日日夜夜地苦思冥想，工作效率和成果可想而知。

有的人要求自己的孩子利用所有的时间学习，不要贪玩，总是督促孩子学习，结果孩子很反感，产生逆反心理，厌学逃学，总也玩不够。所以，完美主义的人应该把目标和方法订得灵活一些，要有一种“退一步海阔天空”的心理准备，这条路不行可以走那条，不要在一棵树上吊死，钻牛角尖。

完美主义的人往往不愿意接受自己或他人的弱点和不足，非常挑剔。有的人没有什么好朋友，总也找不着对象，和谁也和不来，经常换单位，为什么？那是因为他谁也看不上，甚至会因为别人的一些小毛病，而忽略了别人的主要的优点。有的人不允许自己在公共场合讲话时紧张，更不能容忍自己紧张时不自然的表情，一到发言时就拼命克制自己的紧张，结果越发紧张，形成恶性循环。有的人不允许自己身体有丝毫不舒服，经常怀疑自己得了重病，经常去医院检查。其实，每个人都有缺点和不足，都会有紧张、不适的体验，这是正常的表现，必须学会接受它们，顺其自然。如果非要和自然规律抗拒，必然会愈抗愈烈。

完美主义的人表面上很自负，内心深处却很自卑。因为他很少看到优点，总是关注缺点，总是不知足，很少肯定自己，自己就很少有机会获得信心，当然会自卑了。不知足就不快乐，痛苦就常常跟随着他，周围的人也一样不快乐。学会欣赏别人和欣赏自己是很重要的，是使人更进一步实现下一个目标的基石。

完美主义的人容易只顾细节而忘记了主要目标，让别人觉得他捡了芝麻，丢了西瓜。工作常常因此而没有效率。许多时候你要让自己“豁出去”。

完美主义性格的形成和早期教育有很大关系，但成年后还是可以有意识地调整的，你要学会对自己和他人睁一只眼闭一只眼，这样才能看到生活中美好的东西。

谁笑到最后,谁笑得最甜

为了最后的胜利,任何屈辱都可忍受的。而不能忍一时之屈辱者,往往不能将其事业进行到底。

人在奋斗的过程中吃尽了苦头,而最后的笑声才是最甜的,最后的成功才是具有决定意义的成功,起初的成就或痛苦只不过都是为后来而设的奠基石。

很多比赛往往是先胜而后败,结果落得个一无所有。连最初的一点小胜也白搭了。失败的真正原因,以期待下次最后的微笑吧!

人性丛林中的竞争过程很重要,但结果更为重要,可以说结果决定了你的过程,结果一无所有,那么你的过程也毫无意义可言;结果是成功的,你的过程才有存在的价值和意义。比如,有人少年得志,在商场上先是如鱼得水而大赚,后来却大赔,最终穷困潦倒而一无所有,那么众人会怎么评价他呢?

因此,争取"做最后的胜利者"才是我们在社会中追求的最高战略目标。为了达到这个战略目标,以下几点是应该注意的:

首先,不要过于看重某一次胜利。如果能取胜尽量取胜,当然不必要放弃,因为胜利可以增强我们的自信心和提高士气;如果这个胜利的意义不是很大,跟取得"最后的胜利"相冲突或无关系，且又消耗体力、脑力，那么我们完全可以放弃这个胜利。

其次，也不要过于看重某一次失败。一次小小的失败若对“最终的胜利”并没有太重要的影响，那就让它去失败吧。

再次，要站在战略的高度，时刻认识现在是处于什么阶段，该如何去实施战术。要对战局有一个清醒的认识，而不是眉毛和胡子一把抓，稀里糊涂，甚至当“最后的决战”到来时仍不知道，这样势必就会贻误了战机而归于失败。

最后，要保住每次的作战结果。因为，只有每次一点一滴地积累战果，才能将自己的实力壮大而作最后的决战。人有一个通病就是好战，一旦取得了一次胜利，便试图梅开二度。万一下次失败怎么办呢？所以必须仔细衡量，以保住目前战果为佳。人的一生也是这样，“最后阶段”的胜利也是由人生不同阶段积累而得的，前半生失败，到了老年再去争取胜利，还有力气吗？毕竟，没有战果的战争根本不算胜利。

但愿你为了“最后的胜利”而能忍一时的屈辱，那时你笑到最后，你将笑得最甜！

消　气

生气是拿别人的过错来惩罚自己的蠢行。

古时有一个妇人，特别喜欢为一些琐碎的小事生气。她也知道自己这样不好，便去求一位高僧为自己谈禅说道，开阔心胸。

高僧听了她的讲述，一言不发地把她领到一座禅房中，落锁而去。

妇人气得跳脚大骂。骂了许久，高僧也不理会。妇人又开始哀求，高僧仍置若罔闻。妇人终于沉默了。高僧来到门外，问她："你还生气吗？"

妇人说："我只为我自己生气，我怎么会到这地方来受这份罪。"

"连自己都不原谅的人怎么能心如止水？"高僧拂袖而去。过了一会儿，高僧又问她："还生气吗？"

"不生气了。"妇人说。

"为什么？"

"气也没有办法呀。"

"你的气并未消逝，还压在心里，爆发后将会更加剧烈。"高僧又离开了。

高僧第三次来到门前，妇人告诉他："我不生气了，因为不值得气。"

“还知道值不值得,可见心中还有衡量,还是有气根。”高僧笑道。

当高僧的身影迎着夕阳立在门外时，妇人问高僧:“大师，什么是气？”

高僧将手中的茶水倾洒于地。妇人视之良久,顿悟。叩谢而去。

何苦要气？气便是别人吐出而你却接到口里的那种东西，你吞下便会反胃,你不看它时,它便会消散了。

气是用别人的过错来惩罚自己的蠢行。

夕阳如金,皎月如银,人生的幸福和快乐尚且享受不尽,哪里还有时间去生气呢?

款待心灵

留一点时间给自己，让自我的心灵解放，空间扩大，而你成功的力量正是来自于这个空间。

世界上很多没有成功的人大都是由于年轻时放纵自己造成的。他们的生活模式几乎是一样的，作息时间混乱，基本上凭本能，凭感觉懒洋洋地生活，想喝了，就去喝，想吃了，便去吃，过得随心所欲，浑浑噩噩，不断地浪费时间，而不懂得在人的一生中，要留一点属于自己的时间，与自我的心灵对话，看清自己，认识自我，扩大自我的生活空间，增强自己的生命力。

18世纪法国最杰出的启蒙思想家卢梭非常珍惜与自我对话的机会，因为他深深地懂得这样做对未来的人生是多么重要，正是由于他深刻而又持久地与自我对话，他才成为“前无古人，后无来者”的伟大的启蒙思想家。世界上许多伟大的宗教领袖经常远离人群，回归自我与心灵对话，一段时间之后再回到人群，与人分享自我心灵对话所得到的各种启示。

留一点时间给自己，让自我的心灵解放出来，远离那些无关紧要的事情，去注意那些必须做的事情，更加看清你的过去、现在与未来，心灵的空间渐渐扩大，而你成功的力量正是来自于这个空间。

闻名于世的美国著名成人教育大师戴尔·卡耐基特别强调

这样一种观点，即一个人事业上的成功，只有15%是由于他的专业技术，另外的85%要靠自我心灵、人际关系、处世技巧。因此，他的基本的思想，就是着眼于人的自我心灵培养和人与人之间的沟通、交往、宽容，并汲取了行为科学和心理学的新成果，使人们达到事业成功、家庭幸福的目的。

有一些人为一些小事而突发其火，乱说话，乱摔东西，这就是"情绪短路"的一种表现。用电短路会损坏电器，甚至酿成火灾；情绪短路，既伤害别人，也伤害自己。主要原因是自控与转移情绪的能力不强。这种能力与智能水平有关，可说是"情感智商"。

在交往中，常见到一些人的心情有如春、夏的气候，大起大落，变化无常。比如在公园玩得很开心，可回家后又觉生活单调枯燥而心烦，唉声叹气；与朋友团聚时热闹欢快，独自一人时又为孤寂而愁眉苦脸；时欢时苦，飘忽不定，着实叫人不可捉摸，不仅使人感到难于相处，也令自己异常难受。这种不正常的表现，是"心理斜坡"在作怪。

人的感情在受外界刺激的影响下，具有多度性和两极性。每一种情感具有不同的等级，还有着与之相对立的情感状态，如爱与恨、欢乐与忧愁等。感情的等级越高，"心理斜坡"就越大，也就容易向相反的情绪状态转化。"心理斜坡"不但使人情绪不稳、且会间接、直接地影响健康。

要克服"情绪短路"和"心理斜坡"的不良反应，得要重视自己的心理保健。正如古语所说："心病还需心药医"，首先要自觉地消除思想上的偏差，人生不可能总是高潮，更不可能事事如意，谁都要在平凡日子中生活，少不了要碰到麻烦事。关键是懂得放松自己，以平常心面对生活。只有这样，才能在不顺心时不致陷入烦恼的泥坑而不能自拔。只有善于保持良好的心理状态，才能为自己营造出良好的生理状态，从而赢得"健康人生"。

其次，应该勇对新生活，主动体验生活中的不同乐趣，既能在激荡人心的活动中体验激情的热烈奔放，又能在平淡如水的日常生活中享受悠然自得的生活情趣。既能在群体活动中感受快乐，又能在独自生活时创造充实。只有这样，才能在碰到不顺心的事或发生较大转换时，避免产生心理上的反差而诱发情绪短路成心理斜坡。

其三，适当地“糊涂”是医治情绪病的良方。对人对事，只要不是原则问题，就大可“糊涂”待之。“糊涂”者，指不必事事计较谁是谁非；不去时时考虑个人得失；不去每每分析谁占了我便宜；不去常常思量自已有没有吃亏。老年人由于有“长者尊严关”、“老年面子关”和不自觉而产生的“老子总是正确的想法”等等，“海纳百川”的气量，就更显得难能可贵了。但是，必须具有大气量，才可能轻松地生活。宽容，该是老年人心理基础最重要的一条。

其四，要加强理智对情绪的调控作用。古语云“物极必反”。这就是提醒我们，“乐极”与“气极”、“怒极”都不好，应该时刻注意保持适度的冷静和清醒，在欢乐、顺心时，主动降温，避免激情过火；遇苦闷或情绪转入低谷时，要换个积极的想法；事物都有多重性，受许多因素制约，要从有利及好的一面去想，自能摆脱情绪困境。也可用“以反制反”的办法来调整自已。如静极就外出活动一下；闹极就避开冷一冷；闷极就找人说一说……只要不断学习，坚持用正确的人生观、世界观指导自已的思想感情和行动，就能做到以理智控制情绪保康宁。古人都知道“修德”是贯穿终生的主课，难道我们活在现代的人还不明白吗？

古人曾说：“不尽如人意常八九，如人之意一二分。”一般来说，人的一生中处于逆境的时间是大大多于顺境的时间。即使是历史上的帝王将相，生活中的富豪、名人等，各人都有各自的烦恼和忧伤。

中医学认为，“百病皆生于气”，如果不良情绪是暂时的，机体很快就可恢复正常。但是，如果不良情绪过分强烈或持续的时间太长，就可能造成脏腑功能失调，引起疾病，如溃疡病、高血压、神经官能症及一些精神病的发生，常以不良情绪为诱因。现代研究证实，持久的不良情绪，特别是表现为烦恼、忧郁悲伤的消极情绪，还可通过神经、内分泌系统影响机体的免疫功能，使人体对细菌、病毒及肿瘤细胞的抵抗力下降。正如一位英国哲学家说过的：“生命的潮汐因快乐而升，因痛苦而降。”

如何排解不良情绪？疏泄法能使人从苦恼、郁结的消极心理中得以解脱，尽快地恢复心理平衡。下面介绍一些心理疏泄的主要方式。

1.发泄的方式

中医学认为，“郁则发之”排解不良情绪最简单的方法就是使之“发泄”。例如一个人悲痛欲绝或委屈万分时，痛痛快快地大哭一场，让眼泪尽情地流出来，就觉得舒服些，切忌把不良情绪埋在心底。现代研究发现，因感情变化流出的眼泪中含有两种神经传导物质，这两种传导物质随眼泪排出体外后，可缓和悲伤者的紧张情绪，减轻痛苦和消除忧虑。所以痛哭一场，比眼泪往肚子里咽要好得多。哭是痛苦的外在表现，也是一种心理保护措施，强忍眼泪等于慢性自杀。哭作为一种发泄方式，虽然不“雅”，但却有它的积极作用。有些人的方法是摔打家具、打人骂人等，这种攻击性的发泄方式一害别人，二害自己，是不可取的。

2.宣泄的方式

情绪压抑，有时不宜一下子发泄出来，可采取宣散疏导，逐渐发泄的形式。一个人遇到不顺心的事，受到挫折，甚至遭到不幸，比如在恋爱中遭到挫折、亲朋好友去世、生活中发生重大的事故、工作学习上或家中有不愉快的事等，怒从心头起，或心中泛起阵阵愁云时，首先可以冷静下来，控制一下自己的感情，然后找自己诚恳、乐观的知心朋友、亲人倾诉自己的苦衷，或向亲人、朋友写书信诉说苦闷、烦恼。俗话说："旁观者清"，从亲友的开导、劝告、同情和安慰中得到力量和支持，消极的苦闷、忧愁和烦恼之情会随之消散。所以，广交知心朋友，扩大社会交往，建立良好的人际关系，是医治心理不良情绪的良药。另外，在情绪不佳时，可写诗作赋，撰写文章、抒发自己的情感，也是宣泄不良情绪的有效方法。

3.升华的方式

排除不良情绪最根本的办法是建立良好而稳定的心理状态，用顽强的意志战胜不良情绪的干扰，保持良好的心境。在生活中遇到烦恼，自解自劝，用理智战胜生活中的不幸。任何理智和情感都可以化为行为的动力，无论是愉快满意的情感，还是悲痛不快的情感，都能激励人去工作和学习。人们常说的"化悲痛为力量"就是这种表现。《黄帝内经·灵枢》说："意志者，所以御精神，收魂魄，适寒温，和喜怒者也。"就是说，有理智，意志坚定者，可统帅精神，调和情志，抗邪防病。《黄帝内经·素问》也说："勇者气行则已，怯者则着而为病也"。即意志坚强者可避免不良刺激，增强抗病能力；意志脆弱者，多神怯气虚，易遭受刺激而发病，事实证明，胸有大志，毅力坚强的人，能够有意识地控制和调节自己的情绪，保持良好的精神状态。科学家彭加本患恶性肿瘤，但他信心百倍地和医生密切配合，与疾病作顽强斗争，又活了 25 年，直至 1982 年在新疆一次外出考察中失踪。但有些患者，一听到癌症诊断，当场就被吓死了。这说明意志的锻炼是保持健康心理的重要一环。

4.转移的方式

各种情绪的产生都离不开环境。避免接触强烈的环境刺激，有时是必要的，但最好是学会情绪的积极转移，即通过自我疏导，主观上改变刺激的意义，从而变不良情绪为积极情绪。例如，一旦遇到烦恼、郁闷不解时，如果你爱好文艺，不妨去听听音乐，跳跳舞；如果喜欢体育运动，可以打打球、游一游泳等，借以松弛一下绷紧的神经；或者观赏一场幽默的相声、哑剧、滑稽电影；如果你天生好静，那也可以读一读内容轻松愉快、饶有风趣的小说和刊物。总之，根据自己的兴趣和爱好，分别采取自己喜爱的活动。这种自娱自乐的活动可以舒体宽怀，消忧排愁，怡养心神，有益于人之身心健康。

5.超脱的方式

当你心情不快、痛苦不解时，你可以漫步在绿树成荫的林荫大道上或视野开阔的海滨边，如果有条件，还可以作短期旅游，把自己置身于绚丽多彩的自然美景之中，陶醉在蓝天白云、碧波荡漾、花香鸟语的自然怀抱里，山清水秀的自然环境会使你产生豁达明快的心境，一切忧愁和烦恼就会随之消散。大自然可使你舒畅，忘却忧烦，寄托情怀，美化心灵。

大家都知道吸烟、酗酒，饮食不当有害于健康，实际上，情绪不良对人体健康影响更大。据有关学者统计，健康和长寿有20%来源于遗传因素，25%来自周围环境的影响，5%来自医疗条件，其余的 50%完全掌握在自己手中，也就是自己的精神状态和选择的生活方式及生活习惯。若能用积极的行为方式自我调节，摆脱不良心境的影响，就可使你的生活幸福。

悭贪的鸟

悭贪不舍只能招来贫乏不安的苦果。

有只鸟儿总是在果园上方盘旋，看到有人采摘果实，就厉声啼叫："我所有！我所有！"某个城市郊区有一片果园，种了许多枇杷树，不但果实很甜，叶子还能炼药治病，所以每年到了果实成熟的季节，很多人就从城里来采果摘叶。

这只小鸟总是在这片果园上方盘旋，好像在看守果园。只要有人接近枇杷树，那只鸟就开始大叫；若伸手摘枇杷，它就会叫得更凄厉。仔细听它的叫声，好像是："我所有！我所有！"年复一年，总是如此。

有一年，来果园摘枇杷的人比往年更多，那只鸟在人们四周厉声啼叫，非常着急的样子，不过大家都已见惯不怪，没有人理它，仍旧继续摘枇杷。那只鸟不断地啼叫，最后终于吐血而亡。

从前城里有位年轻人，在父母过世后继承了许多财产。

他天天计算自己有多少财产，一心希望财产愈多愈好，连将来果园与田地可以收成多少农作物都算入财产中。年轻人认为家中多一个人就消耗更多食物，所以不愿娶妻生子，原本家中请的佣人也都辞掉了。他年老去世之后，财产由于无人继承，都被没入国库。

那只鸟的前世，就是这位吝啬的人。由于还留存着悭贪的习气，认为果园仍然是它的，舍不得人们来采收果实，所以不断叫着："我所有！我所有！"一直到吐血死亡为止。

悭贪不舍只能招来贫乏不安的苦果。

这样的人生错在哪里呢？首先，他在乎的是要拥有更多，以赚取更多，拥有更富有为目的。其次，以为得到的一切都是他自己的，占有并留给自己好好享受。第三，眼睛只关爱自己，看不到别人、不关心别人；他的人生观完全是自私的，只在乎自己的享受，看不见所遇到的任何一个困苦的人。当他的收成早超过他的需要时，他仍然没想到有谁需要帮助。

在意自己拥有，不肯与人分享者，当然是很贫乏的。人的价值并不在于他有多少，而在于他如何去运用！努力为自己的人生赚取更多，原本无可厚非，因为我们的天赋、能力，都要好好琢磨、运用，并发挥得淋漓尽致。我们要常存感恩的心，珍惜我们的生命，学习更多，充实自己，服务更多，活得更美好。

29种使你更快乐的方式

把人生放进种种的快乐尝试上。

你今天快乐吗？以下的方法，一定可以让你更快乐！

1.保持健康，有健康的身体才有快乐的心情。

2.充分休息，别透支你的体力。累则心烦，烦易生气。

3.适度运动，会使你身轻如燕，心情愉快。

4.爱你周围的人并使他们快乐。

5.用发自内心的微笑和人们打招呼，你将得到相同的回报。

6.遗忘令你不快乐的事，原谅令你不快乐的人。

7.真正地去关怀你的亲人、朋友、工作和四周细微的事物。

8.别对现实生活过于苛求，要常存感激的心情。

9.享受人生，别把时间浪费在不必要的忧虑上。

10.身在福中能知福，也能忍受坏的际遇，且不忘记宽恕。

11.献身于你的工作，但别变成它的奴隶。

12.随时给自己预设一些容易实现的盼望。

13.每隔一阵子去过一天和你平常生活不同方式的日子。

14.每天抽出一点时间，让自己澄心静虑，使心灵宁静。

15.回忆那些使你快乐的事。

16.凡事多往好处想。

17.为你的工作做妥善的计划，使你有剩余的时间和精力自由支配。

18.追求一些新的兴趣，但不是强迫自己去培养一种习惯。
19.抓住瞬间的灵感，好好利用，别轻易虚掷。
20.替生活中制造些有趣的小插曲，制造新鲜感。
21.如果心中不愉快，找个和平的方式发泄一下。
22.泡壶好茶，找三两知己，无所为的畅谈一番。
23.偶尔忘记你的计划或预算，随心所欲吧！
24.重新安排你的生活空间，使自己耳目一新。
25.搜集趣闻、笑话，并与你周围的人共享。
26.安排一个休假，和能使你快乐的人共渡。
27.去看部喜剧片，大笑一场。
28.送自己一份礼物。
29.给心爱的人一个惊喜。

处理圆融最重要

放下自己的身份，良好的人缘是你人生长期基石。

老李在公司服务将近二十年了，是一步一个脚印，才慢慢爬升到目前主管的职位。新进员工个个学历傲人，不是硕士就是博士，薪水领得多，职位也比他高。但是做起事来，可不见得比他们这些“资深”员工行。老李老大不服气，不知不觉地以“资深”资格自居，总是问：“是你该配合我?还是我该配合你?”结果老朋友、新朋友一个个远离他，使他的人缘“降”到最低点，工作推展也越发力不从心。

“是别人该配合我？还是我得配合别人？”如果这句话是你在职场上的口头禅，那么请你也看看下面这一则故事。

曾被誉为全世界最伟大的矿冶工程师赫蒙，耶鲁大学毕业，又在德国福莱堡修完硕士学位，回美国找了一份工作，遇到一位没有学历又不相信文凭的大矿主赫斯特。大矿主对赫蒙说：“我不想录用你，是因为你是硕士，脑袋里只装满一大堆没用的理论。我可不需要文绉绉的工程师。”

赫蒙贴近大矿主，说：“倘若你答应不告诉我父亲的话，有个秘密我想告诉你。”大矿主点头，赫蒙一本正经地说：“其实我在德国什么也没学到，只是在那里鬼混了三年。”大矿主笑嘻嘻地说：“好！很好！你明天就来上班吧！”

人缘就是在这种“万事互相效应”中产生的。中年朋友喜欢送贵重礼物换交情，这是短期存款，甚至可能只是即期存款；想拥有新员工、老同事的永远人缘，还是请切实把握以下的“五不”原则吧！

1.依老不卖老。

2.弹性不固执。

3.幽默不伤人。

4.关心不冷漠。

5.真诚不矫情。

有位心理学家还列出一张“人际关系自省表”：

1.此人不在，万事皆休。

2.此人在比较好。

3.此人在与不在都无关紧要。

4.此人不在比较好。

5.此人消失更好。

你的人缘处于第几位呢？换个角度看，其实谁配合谁都无所谓，处事圆融最重要，因为：“人缘”将是你的养老基金！

十种方法放松

面对压力，你是否找到抒放的方法？

缓解压力与焦虑的方法：

1.说出压力：感觉千头万绪，不知所措时，找一位知心好友，或专业辅导员，或有经验的长辈，说出内心的恐惧和问题。有时候，所面临的问题并不严重，只是在心慌意乱时无法冷静思考，如果能够经过倾吐、发泄，或听听别人的意见，而理清问题的症结所在，找出解决方法，即可豁然开朗。

2.写出压力：当面对复杂却又无法逃避的问题时，不妨写出来，然后再写出可能的解决方法，无论是否能达到目标，但此种宣泄方式也可减轻内心的压力。

3.呼出压力：感觉压力很重时，最简单、快速的方法就是深呼吸，也就是深深地吸一口气，闭气二三秒，再微微张开嘴巴，缓缓吐气，如此反复做几次，可使血液循环恢复正常，心跳减速，心情自然较为平静。

4.跑出压力：可在户外找个清静地方，慢跑或步行二三十分钟，使全身肌肉松弛，紧张压力随之而解。

5.打出压力：如果压力是来自权威的力量而又无法当面发泄时，可找一个沙袋或布偶等痛打一阵，可适当缓解内心压力。

6.泡出压力：热水澡可以促进血液循环，使肌肉松弛，减轻压力。

7.甩出压力：开始先轻轻甩动手腕、手臂，再逐渐加大摆动姿势，甩掉手臂肌肉的紧张，再用同样的方法甩动双腿、躯干和颈部，使全身肌肉放松下来。

8.唱出压力：喜欢唱歌的人，可在感觉压力时，唱唱自己喜欢的歌，借由歌曲抒发心情。

9.坐出压力：禅坐也是可行的方法之一，不过，初学者必须先请专人指点正确坐姿和相关理论再尝试，如果方法正确，可在禅坐中，借由深沉规律的呼吸，将肌肉放松，同时使心灵宁静无杂念，让思绪清新。

10.其他：包括一些较情绪化的发泄，例如找一个旷野尽情呐喊，或者放声大哭，都可宣泄内心压力。

心理贫穷

我们拥有的不是太少，而是欲望太多，因而造成心理贫穷。

从前，有两位很虔诚、很要好的教徒，决定一起到遥远的圣山朝圣。两人背上行囊、风尘仆仆地上路，誓言不达圣山朝拜，绝不返家。

两位教徒走啊走，走了两个多星期之后，遇见一位白发年长的圣者，这圣者看到两位如此虔诚的教徒千里迢迢要前往圣山朝圣，就十分感动地告诉他们："从这里距离圣山还有十天的脚程，但是很遗憾，我在这十字路口就要和你们分手了；而在分手前，我要送给你们一个礼物！什么礼物呢？就是你们当中一个人先许愿，他的愿望一定会马上实现；而第二个人，就可以得到那愿望的两倍！"

此时，其中一教徒心里一想："这太棒了，我已经知道我想要许什么愿，但我不要先讲，因为如果我先许愿，我就吃亏了，他就可以有双倍的礼物！不行！"而另外一教徒也自忖："我怎么可以先讲，让我的朋友获得加倍的礼物呢？"于是，两位教徒就开始客气起来，"你先讲嘛！""你比较年长，你先许愿吧！""不，应该你先许愿！"两位教徒彼此推来推去，"客套地"推辞一番后，两人就开始不耐烦起来，气氛也变了："你干嘛！你先讲啊！""为什么我先讲？我才不要呢！"

两人推到最后，其中一人生气了，大声说道："喂，你真是个不识相、不知好歹的人耶，你再不许愿的话，我就把你的狗腿打断、把你掐死！"

另外一人一听，没有想到他的朋友居然变脸，竟然来恐吓自己！于是想，你这么无情无意，我也不必对你太有情有义！我没办法得到的东西，你也休想得到！于是，这一教徒干脆把心一横，狠心地说道："好，我先许愿！我希望——我的一只眼睛——瞎掉！"

很快地，这位教徒的一个眼睛马上瞎掉，而与他同行的好朋友，也立刻两个眼睛都瞎掉！

原本，这是一件十分美好的礼物，可以使两位好朋友互相共享，但是人的"贪念"与"嫉妒"，左右了心中的情绪，所以使得"祝福"变成"诅咒"、使"好友"变成"仇敌"，更是让原来可以"双赢"的事，变成两人瞎眼的"双输"！

在巴拉圭有一对即将结婚的未婚夫妻，很高兴地大喊大叫、相互拥抱，因为他们中了一张"高额彩券"，奖金是七万五千美金。

可是，这对马上要结婚的新人，在中奖后隔天，就为了"谁该拥有这笔意外之财"而闹翻了；两人大吵一架，并不惜撕破脸、闹上法庭。为什么呢？因为这张彩券当时是握在未婚妻的手中，但是未婚夫则气愤地告诉法官："那张彩券是我买的，后来她把彩券放入她的皮包内，但我也没说什么，因为她是我的未婚妻嘛！可是，她竟然这么无耻、不要脸，居然敢说彩券是她的、是她买的！"

这对未婚夫妻在公堂上大声吵闹，各说各话，丝毫不妥协、不让步，所以也让法官伤透脑筋。最后，法官下令，在尚未确定"谁是谁非"之时，发行彩券单位暂时不准发出这笔奖金！而两位原本马上要结婚的佳偶，因争夺奖券的归属而变成怨偶，双方也决定取消婚约。

有人说："结婚，经常不是为了钱；离婚，却是经常为了钱！"

的确，人的私心、贪婪、嫉妒，常使人跌倒，重重地跌在自己"恶念"的祸害里。

事实上，我们所拥有的，并不是太少，而是欲望太多；欲望太多的结果，是使自己不满足、不知足，甚至憎恨别人所拥有的、或嫉妒别人比我们更多，以致心里产生忧愁、愤怒和不平衡；欲望太多，就是心理贫穷！

了解压力

了解压力绝非为了逃避压力，逃避压力就跟逃避食物、运动或者爱一样不合理。

根据“国际压力研究院”的创办人塞利博士的说法，老化只是每一个人一生中的疤痕以及紧张的总和。这些疤痕不光只是医学意义上、留在你皮肤上的痕迹；也可能是情感上和心灵上的疤痕，指的是无可挽回的创伤。

塞利教授在他四十年前开创先河出版的《生活压力》（The Stress of Life）一书中，即对内在压力带来的巨大危险有精辟深入的研究。他说，压力的杀伤力比我们周遭环境中产生的任何事物都要强大。

未化解的愤恨，积在心中的怒气，以及日益滋长的积怨，不但会让我们情绪不稳，更让我们的身体变得脆弱；这些负面的情绪，会让我们身体的免疫力降低，使我们常常觉得不舒服，接着感冒、发烧、肠胃溃疡和高度紧张等等的疾病也就悄然而至。

我们一同来看看压力对我们的影响。

你一定听别人说过他一早起来心情就不好，在接下来的一整天里，什么事都不对劲，情绪不好、别扭，连平常惯有的幽默感也不见了。

一早起来就心情不好的人，只要有人愿意听他发牢骚，他一定会噼里啪啦说上一大堆：

△我昨晚没睡好，事实上，我几乎没睡着。

△我在床上翻来覆去七八个小时，真是累死了，可是就是睡不好。

△我的脖子好痛，肩膀也好酸，但是还是睡不着。

△现在别叫我集中精神（“我的注意力早就四分五裂”）。

△想到以上这些，我真想回到床上，把它们通通都忘掉。

但是几乎没有人能够这么幸运，回到床上把一切都抛开，那是不可能。那些潜藏的因素总是困扰着你、妨碍着你、威胁着你。这些因素就叫做压力源，是说也说不完的。譬如说，再过半个小时就要开会了；电话响了；又有推销员来按门铃了；孩子上完芭蕾舞课，得去接她回来；报告已经迟交四天了；支票被退票等等。

明天会变得更好吗？也许不会。今天的忧虑通常会渗进夜晚的睡眠中，让人一直到天快亮了才睡着。通常，明天只不过是另一个痛苦的今天罢了。

对大多数人来说，生活不过是一连串枯燥乏味、死气沉沉又累人的日子。

日子一天天过去，小问题变成了大问题。塞车变得愈来愈让人无法忍受，总机听起来似乎愈来愈没有礼貌，自己的配偶似乎变得愈来愈没有思想，这世界每一分钟都变得让人更加难以忍受。

人们打心里讨厌这一切，而这种日子仿佛又无休无止：一定要采取行动，改变它！

在我们自己变成周遭人的压力源之前，一定得采取某种行动改变它。好抱怨的人会是其他人沉重的负担。谁愿意一天到晚听别人发牢骚？你愿意跟认为这世界糟透了的人共度周末吗？

了解压力，它就不再那么可怕。

其中一种解决的方法是别让自己醒来心情不好，这不失为一个好办法。但是，如果整个晚上都在和纷乱的思绪作战，如何带着微笑迎接崭新的一天？

要解决这个问题，只有一个办法：把压力控制在可以疏解的范围里，如此我们的身心才能够常保健康快乐。

找出压力的本质，对我们而言是非常重要的，因为一旦了解压力，它就不会那么可怕，也比较容易将它打倒。

对于压力，有个非常好、同时颇符合这本书目的的定义：压力是一种认知，认为某种情况超出个人能力所能应付的范围。

这项定义的关键在于“认知”这两个字。我们常常认为压力是外来的，一旦碰到了不如意的事情，就认为那是压力。所以我们会犯一种基本的错误，就是只注意外在因素。

但事实上，我们所感受到的压力来自我们自己，是我们对压力源的反应。因此我们应该往内心探索。适度的挑战是让我们的人生不枯燥乏味的必要条件。

每个人都讨厌枯燥无趣，而单调的生活方式，会对心理造成不健康的压力。心理学家赛登柏格，把这称为“生活平静无波带来的心灵创伤”，生活一成不变、缺乏挑战的人就会罹患这种病。看科幻小说或者恐怖电影时那种毛骨悚然的感觉，往往可以减轻这种症状。

我们真的需要压力吗？适度，而且在能够疏解范围之内的压力，其实可以让生活变得更加亮丽。这就是为什么我们会不断地规划长途旅行，运动健身，制定人生目标，以及做各式各样计划的原因，我们这么做的目的是在告诉自己：“嗯，又完成一件事了！”

如果没有事情打断我们的计划，那再好不过。但是，真实的人生处处充满了突如其来的事情。如果你期待了一个早上的那个电话，刚好就在你洗完澡步出浴室的那一刻响起，那不叫人生；如果你刚把一整个礼拜用量的菜塞满冰箱，你的先生恰好带着六个饥肠辘辘的客人回家，那也不叫做人生。一般比较会发生的情形是：你在洗澡的时候电话来了，电话铃声被哗啦哗啦的水声盖过，使你没接到电话；或者是客人意外到访，你家的冰箱刚好唱空城计。

对于这些突如其来的事情，我们的反应非常重要。

对突发状况以及其他让人觉得有压力的情境，我们通常会有什么样的反应？把这些事情的影响减至最低吗？少之又少。我们往往会因为这些事情，使自己对外在世界的既定看法更加深信不疑。重要的电话常常在不恰当的时间打来；不请自来的访客常常在你最没有准备的时候突然出现。考试总是让人害怕；孩子总是弄得乱七八糟；交通堵塞总是那么可恶。

我们认为这些都是无可改变的事实，同时也会不自觉地夸大这些事情的影响。压力不是我们这一代才发明的。早在19世纪80年代，美国医师毕尔德就已经有著作论述当代生活的压力。他形容压力足以让人“神经耗竭”。

美好的过去并非真的那么美好。事实上，每个时代的人，都得面对他们那个时代似乎无法治愈的疾病或天灾人祸，譬如饥荒，譬如战争。

每个时代的人，也都有属于他们那个年代的忧虑。至于我们这一代，大家忧心的莫过于事业、物质，以及科技的日新月异等等。

压力研究领域的先驱塞利博士写道：“了解压力绝非为了逃避压力，逃避压力就跟逃避食物、运动或者爱一样不合理。”

塞利博士认为压力是“人身体对于任何加诸其上的要求所产生的反应。”

以此为前提，那么任何事情，从接听电话到失去抵押品的赎回权，都可称为压力。此一无所不包的定义，让压力成了人生的同义词。

这么说来，只要是活在这世界上，就不可能完全逃避得了压力。既然如此，对于不断加诸在我们身上的各种要求，学习怎么样有智能地适应，就属绝对必要了。

我们的身体，就是设计来应付突发的危险以便作迅速反应的。面临生死存亡关头的突发状况时，压力在刹那间涌现，这也是我们的身体发挥最大潜能的时候。此时，我们的身体会迅速分泌肾上腺素到血液里头，对我们意识到的危险做最迅速的反应。就像我们在千钧一发之际，从车轮下救出一名儿童或小动物，那种神经的突然绷紧，会让我们的精神维持在一种很高亢的状态。我们突然间承受了巨大的压力，但是同时也把我们的体能和精神状态推到了最高峰。事实就是这样。

有舍才有得

> 外在的放弃让你接受教训，心里的放弃让你得到解脱。

有个人说了这样一个有趣的事：他曾经和女友作了一个小测验，说如果同时丢了三样东西：钱包、钥匙、电话本，最紧张哪一样？女友毫不犹豫地选择了电话本，而他毫不犹豫地选择了钥匙。答案说，女友是一个怀旧的人，他是一个现实的人。

后来他们分手了，女友的确总被过去纠缠得不快乐，一段大学时代未果的爱情至今还让她念念不忘，而爱情中的他早已为人夫，为人父。女友的心停在了过去，一直后悔当初没有坚持到底，因此，又错过了很多不错的人。他问她："还可以挽回吗？"她摇摇头，他说："那为什么不放弃？"她无奈地说："放弃不了。"

他说："其实是你不想放弃。"

中国有句古语说："苦海无边，回头是岸。"偏偏有人就执迷不悟，因此，烦恼都是自寻的。

还有一个女孩四年前在女友的宿舍玩，一念之差想偷屋里的一副耳环，后来被耳环的主人识破，女孩羞愧难当，自此离开家乡，再也没回去过。

人生有些错误是无法挽回的，有时，需要你付出代价，这个代价就是放弃。外在的放弃让你接受教训，心里的放弃让你得到解脱。生活中的垃圾既然可以不皱一下眉头就轻易丢掉，情感上的垃圾也无须抱残守缺。

不要总想着挽回，有时人生需要放弃。

放弃是一门艺术。在物欲横流的今天，既需要你作出选择，而更多的则是放弃。与其说是抉择得当，不如说是放弃得好。人生苦短，要想获得越多，就得放弃越多。那些什么都不放弃的人，是不可能有多少获得的。其结果必然是对自身生命的最大的放弃，让自己的一生永远处在碌碌无为之中。

放弃是一种让步，让步不是退步。让一步，避其锋芒，然后养精蓄锐，以利更好地向前冲刺。

放弃是量力而行，明知得不到的东西，何必苦苦相求，明知做不到的事，何必硬撑着去做呢？

放弃需要明智，该得时你便得之，该失时你要大胆地让它失去。有时你以为得到了某些时，可能失去了很多；有时你以为失去了不少，却有可能获得许多。不以得喜，不以失悲。尽自己最大的努力去做，管它花开花落，云卷云舒。

一念之差

古人云:“万法由心生。”天堂地狱只在一念之间。

第一个,把握念头,设想自己就是幸福的化身,念头最难把握,所谓心猿意马,怎么样拴心猿、锁意马,却是心性的顶上功夫。

从前有一个叫刘海月的人,请教他的老师,他的老师叫白云大师。他说:“老师呀! 弟子念虑,降伏不住,该怎么办? 我的念头一大堆,要把它降伏很困难,请问老师该怎么办? ”他的老师很妙,就问说:“谁念虑呀? ”他说:“弟子呀! ”又问:“谁降伏呀!”想一想答说:“弟子。”于是他老师就骂说:“来去都由你闹,好没主宰呀! 你若敌它不过,你就放下,不过请问放下的还是谁,还是你! ”

世界上最好的朋友是自己,最大的敌人也是自己,假如你想发愤图强,别人对你无可奈何!假如你想自甘堕落,别人也对你无可奈何! 假如我们把一根针往海里丢,即使动员了几千万人,也未必能捞回这一根针。所以,一个人如真想自杀,谁都救不了他。

有一个笑话说从前有一个人,他真想自杀,就投河去了,很不幸当他投河的时候,警察正路过那里,马上给他警告:“这里明明写着禁止游泳,你怎么下去了? ”那个人马上提出抗议说:

“不！我是来自杀的。”警察马上给他第二次警告说：“你再不上来，我就用枪打死你！”那人马上举起双手说：“起来！起来！”你看，溺死也是死，枪毙也是死，为什么偏好溺死呢？枪毙也可以呀？这说明他还不是真的想自杀，只是心里痛苦而已。

所以人类最大的敌人就是自己，最好的朋友也是自己，平常我们可以找到很多伴侣，但是，有时候却要独来独往，人至少有两个时候是要独来独往的，一个是生来，一个是死去。我们来的时候总是独个儿来，我们走的时候也要独个儿走，就是夫妻也是如此，没有例外。

古人讲：“万法由心生。”这个世界是“心”的世界，所谓“万法由心生”，一切唯心造，三界唯心所现。举个例子，假如你是一个母亲，有一个小孩子走失了，这时刚好倾盆大雨、雷电交加，哪一种声音最能引起你的注意？应该是小孩子的那种哭声。那个声音不能跟雷电交加声比，能引起我们的注意，为什么？因为心在这，心很重要。

有时同样的现象，因你的心不同，也会有两类的判断：鸟语花香应该是感人肺腑，扣人心弦的。但当一个人有所感的时候，看到花就会掉泪，有离别之恨的时候，听到鸟叫就会心惊胆战。所以在杜甫的诗“春望”中有：“感时花溅泪，恨别鸟惊心。”感字的下面是“心”。恨字的旁边是“心”。

有一个笑话是讲有一个人，他开了一家材料行，没多久就倒闭了，怎么想都想不通，后来请教算命先生，怎么会倒闭的呢？算命先生问：“你那名字怎么取的？”答说：“这名字取得很好，与木头有关的，我全找来了。”怎么取的呢？他取的是“森林材木行”。算命先生说：“这个，你必然倒闭，因为你刚开业时木头很多，后来愈来愈少，愈开愈少……最后行去，不倒闭才怪！”确实因为你的心不同，才会有两样的判断。

周瑜就是被诸葛亮气死的，他死的时候还说：“既生瑜，何生亮？”上天既然生了我周瑜，又何必生个诸葛亮呢？后来听说诸葛亮要以同样方法气司马懿，司马懿不被气，结果诸葛亮自己给气死了。都在一念之间，一念之差就有天渊之别。

你和一位朋友擦身而过，你对他点头，他没有还礼，你作何感想？有人耿耿于怀，有人淡然处之，你会说他近视眼算了，一个念头就过了；有人会说，他呀！不知在想什么？心不在焉，所以视而不见，一个念头也就过了；有人就愈想愈气，干吗！他怎能那样的傲，我怎么那样的倒霉？后来就想了好多，他学问好、名位高、财富多……其实人家只是近视眼，人家在天堂，你却在地狱，都在一念之间。

假如一个人经常使自己起那种快乐、幸福的念头，这个人必然具有高度的智能。一个人假如经常使自己起那种不幸、痛苦、悲哀的念头，这个人必然愚不可及。迎向光明，就可把阴影抛到脑后。你若背向阴影面向光明，你就可享受呈现在面前的一大片光明！所以，一个人要经常使自己起那种快乐幸福的念头。

一个人每天早上起床前，对自己讲：“我得天独厚，我太幸福了，我什么都有了，我有最好的祖先，最好的父母、最好的妻子、最好的儿女、最好的亲友，无限的爱心，永恒的毅力……”凡是好的都往身上揽就对了，就是不一样。

心理学家弗洛伊德曾经讲过，影响人的行为有三种意识：一个叫做前意识，一个叫意识，一个叫潜意识，听说前意识和意识只能影响 5%，而潜意识高达 95%。潜意识影响一个人很大。说人在睡觉时意识已经休息了，而潜意识刚好起来。其实，自我暗示对一个人的影响很大。

股市浮沉说放弃

古人说:“得物无用,如获石田,如同劳民伤财。”

所谓有福气的人,不是占有多,而是需求少。股市中最终能盈利的人,不是股票品种买得多的人,而是股票品种买得少的人。

面对日益复杂的社会,要想生活得超然,不被垃圾信息淹没,在不能消极逃避的情况下,只有学会放弃!有所弃才能有所取。放弃那些可有可无且用处不大的东西,甚至放弃那些在别人管用在我则无用的东西。不学会放弃,你会活得太累。古人说:“得物无用,如获石田,如同劳民伤财。”这是有一定道理的。

庄家的特征之一便是将市场上除了自己以外的所有其他投资者当作“假想敌”,从投机市场这个“零和”游戏之中分一杯羹。从这个意义上来讲,每一位投资者都是庄家,只是实力大小不同,影响力强弱不同而已,如果市场存在一只极具炒作价值的股票,有一个庄家做进去了,其他人看了眼红,也想在这只股票的炒作上赚取一些利润,于是就要上演一场庄家与庄家之间的“三国演义”。

所以一只好股票之中有时潜伏着好几个庄家,而庄家之间是相互保密,各怀鬼胎且步调是不一致的,散户投资者很难分清目前在“振仓”或“出货”,是哪一位庄家。有时一个庄家准备

“出逃”时，另一个更大的庄家可能出来护盘，而一个小庄家在抢筹时，超过了“庄主”的容忍程度，则“庄主”就会清理门户。散户如果不幸跟上了一个弱庄或者是臭庄，则可能会招来灭顶之灾，大庄家在将小庄家吃掉的同时，也会将跟着小庄身边“站错立场”的散户一同吞掉。因此盲目跟庄有时并不能一定赢利。投资者面对的是市场，你买入的股票是这位“市场先生”卖给你的，而你卖出去的股票又让这位“市场先生”接走了，你想从买卖差价之中从“市场先生”手中赚钱，而这位“市场先生”也在利用你的错误，搜刮你的钱包。

你与其说是在与各路庄家斗，倒不如说是与这位“市场先生”在斗。“市场先生”坐庄与你坐庄没有什么本质的区别，只是看谁更能扬长避短而已。聪明的人善于将复杂的事情简单化，而有些人却将原本很简单的事情越搞越复杂，最后被自己发明的各种指标搞得晕头转向。在“股海寻庄”的过程中，筋疲力尽的散户们不如静下心来反思一下，自己究竟错在何方？

投资者都是成年人，做人做事只有坚持一定的原则，才不至于在纷乱的环境中迷失方向。如同初入武林的人，面对十八般兵器，多种武术流派感到眼花缭乱，不知从何下手，又想急于求成便乱拜师傅，其结果无非只有两个：一是眉毛胡子一把抓，每样功夫学些毛皮，唬人可以，但派不上用场；二是运气好，乱拳打死老师傅，于是眼中便无天下英雄了。

十八般武艺精通的人，只能当教官，不能当杀手，真正成名的英雄，只靠精练过几招。散户投资者要想自己坐庄与“市场先生”玩一把，面对着几十种甚至上百种指标，亦会感到无所适从，看见李逵用板斧，便去练板斧；看见秦明用狼牙棒威风，便又去练狼牙棒，结果什么也学不成。如果你是燕青，即便是给你板斧也无用，还可能赔了性命。

故散户投资者要想战胜“市场先生”，首先必须自己做到摆脱其他人士对你的影响，研究出“市场先生”运作的弱点，然后根据你本人的操作风格（包括自身性格和资金上的弱点），量身定做专门打造一件兵器——一套个性化的操作系统，做到以不变应万变。

男人这辆车

男人如同一辆车，适当的检修，才能正常地运转。

自古以来，人们将心目中最有阳刚之气的事物具体化为男性的形象，男人犹如直插云霄的险峰，使世界充满粗犷的线条；又如舒缓宽厚的大海，自有一种冲击心神的力量。

其实，男人的生活远没有我们想象中那么美好，从小，他们接受的传统教育是：成就、成就！事业、事业！享受生活、闲云野鹤几乎是一种建立在事业有成之上的奢望。机器的超负荷运转必然带来零件的损害，每天为了事业、成就，为了家里的孩子、妻子、老人忙碌的男人，顾不上休息、顾不得停步、顾不及喘气。如果让我去形容男人的生活，我只能说：男人就是一辆车。承载着太多的期望、责任和妻儿的牵挂。

对男人造成精神压力的还有另外一方面，罗素看得最明白："文明史主要是一部父权逐渐减少的记录。"

就我国来说，随着文明的进步，妇女社会地位"半边天"作用极大地冲击并瓦解了传统观念中男人的权威。在一个倡导男女平等的社会，女人享受着与男人平等的权利，女人在社会活动中的普遍参与，使男人的力量相对弱化了。

文明愈加发展，社会的竞争愈加表现为知识竞争，女人，无论在智力抑或体力正是得益于外界而日趋健康和强盛，男人原先的体能优势随着脑力劳动的日益增多而逐渐消逝。当男人和女人把这种新的格局带到两性关系中时，今日的男人面对着在解放中变得日益强大的女人，反倒背负起前所未有的心理压力。哪个男人也不想背上“吃软饭”的名声，当自己的妻子有所成就时，即便是他们不愿意让自己变形的面孔让心爱的女人窥测，但他们仍掩饰不住内心的失落，男人“这辆车”，还要“吱吱呀呀”地转动下去并且与女人并驾齐驱。医学数字最能说明男人这辆车在生活与事业的重压下损害的程度：据专家统计，41岁以上男性患前列腺增生的高达35%；20世纪60年代起，死于前列腺癌的人数上升了17%；男性心脏病的发病率是女性的一倍！

医学界已逐渐重视男性科学这一古老而新兴的领域。男性生命生殖健康也日益成为国际社会关注的焦点之一。这些都标示着随着社会的进步和医学观念的改变，人们能以科学理性的态度畅谈男性科学的现状和发展。与此对应的是，由于传统观念的影响，男人对于自身疾病的症状大多采取消极的态度，或默默忍耐，或听之任之，在他们心里，或许有这样的想法：“这两天忙得很，过段日子再说吧！”“本来是丢人的事，想掩盖还来不及呢，怎么让我跟陌生人说呢？”

男人恰如一辆车，适当的检修，才能正常的运转。事实上，现代社会，挑战和压力愈来愈烈，男人更要学会放弃一些陈旧观点和错误理念的束缚，关注自己的身心健康，还原本的自我，以积极放松的态度生活、工作。如果身体不适，更应该积极向医生求助，早日开始治疗，抹去生活重负的阴影，继续自己的成就，留住自己的魅力，在生命远征的路上走得更远。

人紧握着拳头来到世上，却松手离去

不要把你的生命浪费在积累那些终究要化为灰烬的东西上面。

生活的艺术就在于知道何时应该紧紧抓住生活，而何时却又该放弃，因为生活是复杂的。生活既让我们依赖它的许多赐予，又限定了我们依赖的程度。犹太先知说过："人紧握着拳头来到世上，却松开手离去。"

的确，我们应该抓住生活，因为生活是奇妙的，到处都充满了美好的事物。而在很多情况下，只有在回顾过去并突然意识到它再也不会出现时，我们才认识到这一真理。

常常毫不珍惜这样美好的一天，而是太注重琐事，有时甚至拘泥于小节，以至于对美好的生活没有反应。的确，生活的赐予是珍贵的，但我们太不注意它们了。我们应该不为创造生活的奇迹或慑于生活的威胁而奔忙，应虔诚地对待即将到来的每一天，拥抱每一个小时，抓住珍贵的每一分钟。但又不能抓得太紧。所以生活哲学的另一方面是：我们必须承认我们要有所失，并且应该学会怎么放弃。

要掌握这门学问是不容易的，尤其当我们还年轻，并天真地认为这个世界是受制于我们的，无论我们有什么充满活力的热情和期望都一定能够实现的时候。

在生命的各个阶段，我们都有过挫折，并从中得到了锻炼。

只是在我们离开了家并失去了它的保护时，我们才开始独立生活。我们被关进学校接受教育，尔后我们离开爸爸，妈妈和童年时代的家。我们结婚，生育子女，最后也得让他们去开创自己的事业。我们要面临着父母和配偶的死亡。我们也面临着我们自身力量缓慢地或较快地衰弱。最后，我们必须面对自然死亡，失去我们自己就像我们没有出现过一样，同时也失去我们过去得到的和梦想的一切。

但是，为什么我们要听从于生活矛盾的安排？为什么美好的风行一时的事物不能长久持续?为什么当我们所珍爱的一切最终将离我们而去时，却让我们付出了爱的代价?

为了解开这些疑团，我们必须通过通向未来的窗口观察我们的生活。一旦我们这样做了，我们将认识到，虽然我们的生命是有限的，但我们所创造的一切毕竟是永恒的。

生命绝不仅仅是一种存在。它是一个不断变化，发展的过程。我们的父母通过我们延续其生命，我们将通过我们的孩子延续生命。由我们所形成的制度也将通过他们来延续。我们塑造的美好形象不会因为死亡而黯然失色。虽然我们的肉体会腐烂，我们的双手也将干枯，但它们创造的真、善、美将永远流传。

不要把你的生命浪费在积累那些终究要化为灰烬的东西上面。不能像追求思想那样追求物质，因为只有思想才能赋予生活以意义，并具有永恒的价值。

放弃那些不适合自己去充当的社会角色，放弃束缚你的世故人情，放弃伪装你的功名利禄，放弃徒有虚荣的奉承夸奖，放弃各种蒙住你眼睛的遮羞布，你才能够腾出手来。用足够的精力和智慧来赢取你真正应该有的东西，充分地努力做好自己应该做的事，自由自在地发掘自己的潜力，主体明确地直奔自己应该追求的目标，坚定不移地走自己的路，充分实现自己的人生价值。

如果我们不及时地将损害我们的杂草和肿瘤放弃，不及时地将它们从我们的生活中扫除，从心灵里清理出去，它们就会妨碍我们本应快乐拥有的一切，拌住我们努力前进的脚，蒙住我们判断是非的眼睛。会腐蚀我们的生存，占据我们宝贵的人生空间，榨干我们生命土壤里的水分和营养，打破我们的发展次序，给人生添乱添烦。

生命对我们每一个人来说只有一次，我们不能让太多的无关的人事功名，来消耗我们的光阴和智能；也不可能去成就许多种事业，做到名利双收事事如意；更不能和那些消耗我们的人事，来个打持久战，让它们给我们不断地带来麻烦和损失。我们要用放弃来保护自己，来成就自己，来砥砺自己。

放弃，需要背水一战的勇气和魄力，放弃是痛苦的，是难舍的，是悲凉的，需要心灵太多的挣扎、犹豫和勇气，放弃意味着永远的丧失和缺憾，甚至有时需要我们重整旗鼓，从头再来。

放弃，需要智能和远见。放弃，还意味着我们和一些我们想要的东西永远错过；放弃，有时使我们难以割舍。放弃钻营权利和沽名吊誉，你将布衣终身；放弃金钱职位，你再没有了特殊和享乐的机会；放弃社交和朋友，你要承受孤独和寂寞；放弃失败的恋爱婚姻，你要独自飘零单飞。

放弃，尤其需要你调动自己的智能和勇气，进行周密无悔的判断，下定一往无前的决心，然后破釜沉舟，果敢行事。

生活，要求我们学会争取，也要求我们学会放弃。如果你感到太苦太累太烦太忙太杂；如果你有太多的心事和苦恼；如果你失去了表现真我的机会；如果你没有得到真爱真情；如果你的生活被众多的迷雾遮住了眼，请尝试放弃一些包袱和拖累。

及时放弃，放弃得当，勇于放弃。明天，你的太阳会在明朗的天空蓬勃火红地升起；明天，你的人生花园，有了赏心悦目的规划清理；明天，你家园的土地，会有一片清静和平旺盛生长的新气象。

下篇

相处的学问

相处在于理解与变通，

能够理解别人，

是一种宽容、豁达的心境；

变通，

是放下了不必要的细枝末节，

随境而变。

人与人的相处是一门大学问，

学会理解与变通，

可以生活得更充实、更惬意一些。

十万美元的创意

改变你的态度，世界会随之改变。

在一个世界著名的牙膏公司里，总裁目光炯炯地盯着会议桌上所有的业务主管。

为了使目前已近饱和的牙膏销售量能够再加速增长，总裁不惜重金悬赏，只要能提出足以令销售量增长的具体方案，该名业务主管便可获得高达十万美元的奖金。

所有业务主管无不绞尽脑汁，在会议桌上提出各式各样的点子，诸如加强广告、更改包装、铺设更多销售据点，甚至于造谣攻击对手……，几乎到了无所不用其极的地步。而这些陆续被提出来的方案，显然不为总裁所采纳。所以总裁冷峻的目光，仍是紧紧盯着与会的业务主管，使得每个人都感到自己犹如热锅上的蚂蚁一般。

在会议凝重的气氛下，一位进到会议室为众人加咖啡的服务员，无意间听到讨论的议题，不由得放下手中的咖啡壶，在大伙儿沉思更佳方案的时刻，怯生生地问道："我可以提出我的看法吗？"

总裁瞪了她一眼，没好气地道："可以，不过你得保证你所说的，能令我产生兴趣，否则你随时得准备被开除——"

这位女孩笑了笑道："我想，每个人在清晨赶着上班时，匆忙挤出的牙膏，长度早已固定成为习惯。所以，只要我们将牙膏管的出口加大一点，大约比原口径多40%，挤出来的牙膏量就多了一倍。这样，原本每个月用一条牙膏的家庭，是不是可能会多用一条牙膏呢？诸位不妨算算看。”

总裁细想了一会儿，率先鼓掌，会议室中立刻响起一片喝彩声。

一个独特而简单的好主意，往往可以获得意想不到的效果。一个简单而充满智慧的小故事，是启发你心灵的宝库，找出潜藏其中已久，而你尚未发觉的珍宝。

相信在过去的日子里，你已阅读过许多教你如何成功的书籍，而你也确实从这些书籍当中，掌握了许多完美的技巧。

正如故事中那位女孩所提出的意见一般，有时将自己的思考模式或方向，巧妙地加以转变，的确可以看到更开阔的壮丽景象。

故事中的女孩之所以有勇气当着众多资深主管之面，向总裁提出建议，是因为她清楚地知道自己要说的是什么，而且确信是对当时议题有所帮助的。

而你是否也愿意改变自己原有的某些想法，来接受一些独特简单的好主意，让你的心灵，让你的人生，获得意想不到的精彩成功。

改变自我，是我们迈向大师殿堂的第一块台阶。

不，可能

若不给自己设限，则人生中就没有能限制你发挥的藩篱。

举世闻名的潜能激励大师，也是将美国钢铁大王安德鲁·卡耐基的成功哲学公诸于世的畅销书作家——拿破仑·希尔（著作：《拿破仑·希尔一年致富法》、《拿破仑·希尔的成功之论》等等），在幼年时就立下大志，将来长大后，一定要成为一位名作家。

希尔的决心是非常坚定的。同时，他也非常清楚，要成为名作家，一定要先拥有娴熟运用文字的技巧，所以他必须先有一本好字典。可是，他生长在穷困的乡间，要获得足够的零用钱去买一本好字典，几乎是不可能的事。

抱着积极思想的小希尔却不接受这个事实，他竭尽所能地去积攒所能获得或赚得的每一分钱，终于有一天，他存够了钱，买到一本字数最多，内容最详尽的好字典。

如果你用辛苦多年存下的钱，买了一样自己梦想已久、渴望获得的东西，你将会如何去珍爱它呢？

希尔拿到他的字典后，第一件事便是翻到“Impossible”（不可能）这个词，随即把这个词剪下来丢弃。他说，我的字典中，绝不要有“不可能”这个词；我的一生中也永远不要有不可能完成的事。

他，经岁月证明，确实成功了。

你是否也和拿破仑·希尔一样，也想立即找来字典，剪下“不可能”的字眼丢弃，也让自己的人生中从此不再有不可能完成的事。

或者，你再仔细一想，哪里有这么简单的事，只要剪下字典中“不可能”这个字眼，就能一生顺利，从此迈向成功，太夸张了，那是——不可能的。

其实，也不一定要像希尔那样将“Impossible”这个词剪去。只要你能在“I”和“m”这两个字母当中，加上一个小撇，使之变成一个短句：“I'm possible.”（我是可能的。）便并和希尔一样，从此对凡事皆抱持可能的意念。而加上的这个小撇，正是你对自己的信心；如果你还是没有自信，不妨用这个故事来作为加上的那个小撇。

从此刻起，当你想起某件不可能完成的工作或理想时，也建议你加个逗点：“不，可能”。“不”字可以立即否定你所存的不可能思想；而这点之后的“可能”二字，则能点燃你亟欲去完成任务的雄心。

去掉盘踞在心中的任何“不可能”思想，代之以凡事皆有可能完成的绝对信心。你将会发现，当思绪脱离“不可能”的纠缠之后，强烈的欲望便可立即涌现，并开始促使你往绝对可能的成功领域迈进，终致获得你可能思想中所盼望的成就。

拿破仑·希尔发现这个成功法则，也明白之所以成功者只占少数，正是因为大多数人都太熟悉“不可能”这个字眼，所以成功对他们而言，变成困难而遥不可及的事物。

拿破仑·希尔去除了他思想中的“不可能”，建议你可以学习，使自己在语言、思想中，不轻易使用“不可能”这个字眼。是的，你是凡事都可能成就的。

简单的幽默

简洁是机智的灵魂。

早先，日本企业在美国的投资日益增加，甚至有许多企业直接在美国设厂，雇用当地的人员。这固然是一项双方互惠的措施，但由于语言的不同，当日本老板莅临视察时，却有些不便的情况发生。

就在这样的一家日资的美国工厂内，日方董事长远道而来，厂内主管召集全厂员工，集合于会议厅中，恭请董事长演讲。

日方的董事长不会说英语，只得由翻译配合，逐句向整厂员工翻成英文。董事长在演讲当中穿插了许多笑话，只可惜由于双方文化的差异，并未博得预期中的笑声；唯独有一个小故事，董事长用日文讲了十来分钟，而翻译人员只用了几个音节便翻译了出来，并且让台下众人大笑不已，董事长对于此事印象极为深刻。

演讲结束后，日本董事长兴致勃勃地询问翻译人员："贵国的词汇真是丰富，我讲那个笑话用了十多分钟，而你竟能用几句话就将之翻译出来，而且效果那么好，真是不简单。"

美方翻译人员谦虚地道："其实也没什么，那几句话只是我告诉他们：'老头子刚讲了一个又长又不好笑的烂笑话，为了捧场，请你们大笑——'"

将极为复杂无趣的事物，用简单明快的方式表达出来，是引导的极高境界。这当中需要丰富的经验、机智的反应，以及高度的幽默感。

从故事中我们了解到，那位高超的翻译人员确实具备了上述的这三项特质，方能有如此精彩的表现。在我们的思考领域当中，常有许多出人意料的创意突然浮现，而如何能将这些繁复的创意，以最简单易懂的方式做口语沟通，引导对方明了自己的思考，这当然是要经过练习的。

丰富的经验来自你人生历程的累积，如果你自认经验不足，可以多吸收成功者的经验，通过书籍、录音带、演讲，你能够得到许多的经验。

机智的反应不一定需要借电视游乐器练习，可以试着让自己集中思考一件事，反复地想出它可能发展的各种角度及后果。类似的练习做多了之后，面对情况的反应自然加倍的快速。

高度的幽默感来自轻松自在的心灵，如能博览群书，自然融会贯通，获得其中奥秘。只要你能懂得自嘲，也就能够得到幽默的精髓。

必须提醒你的是，良好的口语表达，是将繁复的观念，以简单易懂的方式表现；而非将简单明了的观念，表现得高深莫测。

凡事的表达，能够简单，就愈简单愈好。

永不埋没的特质

每个人都有许多没有发现的品质。能够像哥伦布那样探索自己灵魂的人，才会有所收获。

有个顽童无意间在悬崖边的鹰巢里发现一颗老鹰的蛋，他一时兴起，将这颗蛋带回父亲的农庄，放在母鸡的窝里，看看能不能孵出小老鹰来。

果然如顽童的期望，那颗蛋孵出了一只小老鹰。小老鹰跟着同窝的小鸡一起长大，每天在农庄里追逐主人喂饲的谷粒，一直以为自己是只小鸡。

某一天，母鸡焦急地咯咯大叫，召唤小鸡们赶紧躲回鸡舍内，慌乱之际，只见一只雄壮的老鹰俯冲而下，小老鹰也和小鸡一样，四处逃窜。

经过这次事件后，小老鹰每次看见远处天空盘旋的老鹰身影，总是不禁喃喃自语："我若能像老鹰那样，自由地翱翔在天上，不知该有多好。"

而一旁的小鸡总会提醒它："别傻了，你只不过是只鸡，是不可能高飞的，别做那种白日梦吧——"

小老鹰想想也对，自己不过是只小鸡，也就回过头，去和其他小鸡追逐主人撒下的谷粒。

直到有一天，一位驯兽师和朋友路过农庄，看见这只小老鹰，便兴致勃勃地要教会小老鹰飞翔，而他的朋友则认为小老鹰的翅膀已经退化无力，劝驯兽师打消这个念头。

驯兽师却不这么想，他将小老鹰带到农舍的屋顶上，认为由高处将小老鹰掷下，它自然会展翅高飞。不料小老鹰只轻拍了几下翅膀，便落到鸡群当中，和小鸡们四处找寻食物。

驯兽师仍不死心，再次带着小老鹰爬上农庄内最高的树上，掷出小老鹰。小老鹰害怕之余，本能地展开翅膀，飞了一段距离，看见地上的小鸡们正忙着追寻谷粒，便立时飞了下来，加入鸡群中争食，再也不肯飞了。

在朋友的嘲笑声中，驯兽师这次将小老鹰带上高处的悬崖。小老鹰用锐利的眼光看去，大树、农庄、溪流都在脚下，而且变得十分渺小。待驯兽师的手一放开，小老鹰展开宽阔的巨翼，终于实现了它的梦想，自由地翱翔于天际。

我们每个人都曾经如同小老鹰一般，曾拥有过翱翔天际、悠游自在的美妙梦想。有趣的是，这些伟大的梦想，往往也就在周围亲友的一句句“别傻了”、“不可能”声中，逐渐萎缩，甚至破灭。

就算侥幸遇上一位懂得欣赏我们的驯兽师，硬将我们带到更高的领域，往往我们也会像小老鹰回头望见地上争食的鸡群一般，再次飞回地上，加入往日那个不敢梦想的群体里。

除非你能像小老鹰由悬崖上凭空远眺一样，看清楚自己日夜忙于争食的那个农庄，原来是如此的渺小。从此，你有了新的眼光，新的境界，再也不愿回到地上去追逐属于小鸡的谷粒了。

莫让我们的伟大梦想再因同辈的几句冷言冷语而熄灭。如果你真是老鹰，就不需要再困顿于地上；安于现状，那样只会使你丧失获得更卓越成功的能力。

展开你梦想的翅膀，立定目标，来追求人生成功的新领域；在扬起双翼的同时，不用回头看地上争食的旧日同伴，不用想自己可能或不可能。只要你的眼光看得够远,就能够真正飞起来。

特别要提醒自己的是，切莫因为几次试飞不成的挫折,而让自己甘心落回地面的鸡群中。只要你不断想飞,不断尝试,定能自在地翱翔。

学会以退为进的策略

对于成功者来说，只要人生目标的大方向没变，有时候选择以退为进的策略，也不失是一种明智的选择。

有时候，一味地硬冲硬打未必是一种最好的方法，以退为进也是一种人生的策略。

我们在谈到成功之道时，更多地强调要有一种勇往直前的精神，一种积极进取的精神。但是，有时候，一味地硬冲硬打未必是一种最好的方法，以退为进也是一种人生的策略。

的确，疾风知劲草，人须有傲骨，面对险恶的局势，人应当有一种宁为玉碎、不为瓦全的精神。这种不达目的誓不罢休的“视死如归”的精神我们自应提倡，也是我们一直所倡导的一种精神。但是，客观世界是复杂多变的，就某个具体的事情来说，也有其“时”、“势”的问题，在某些特定的时间里、环境下，采取以退为进的方法，也是一种积极的人生策略，而并非是消极退让。

美国前总统克林顿跟莱温斯基的那场“拉链门”风波仍在我们的记忆之中。我们可以想一想，当克林顿与莱温斯基的事情东窗事发，克林顿死不承认，采取死撑着的态度，这也是一种选择。当着全世界人的面，堂堂的美国总统承认自己的丑事，这是多让人难为情的事情啊！但克林顿聪明之处就在于，他采取了一种以退为进的策略，承认了自己的错误。这么做，其实是将包袱扔给了所有的美国人：我已经承认了我自己的错误，你们有权利让我下台，你们也有权利让我继续留在总统的位子上；对一个已经承认错误的人，你们就看着吧！

说克林顿死猪不怕开水烫也好，说他狡猾也好，但最终是他胜利了。

同样是美国总统，当年肯尼迪在竞选美国参议员的时候，他的竞选对手在最关键的时候轻易地抓到了他的一个把柄：肯尼迪的学生时代，因为欺骗而被哈佛大学退学。这类事件在政治上的威力是巨大的，竞选对手只要充分利用这个证据，就可以使肯尼迪诚实、正直与道德的形象蒙上一层阴影，使他的政治前途黯然无光。一般人面对这类事情的反应不外是极力否认，澄清自己，但肯尼迪很爽快地承认了自己的确曾犯了一项很严重的错误，他说："我对于自己曾经做过的事情感到很抱歉。我是错的。我没有什么可以辩驳的余地。"肯尼迪这么做，等于说"我已经放弃了所有的抵抗"，而对于一个已经放弃抵抗的人，你还要跟他没完没了吗？如果对手真的继续进攻了，就显得对手没有一点风度。所以，我们应记住一个基本原则：一个人既然已经承认错误了，那么你就不能再去攻击他，再去跟他计较。无论是克林顿还是肯尼迪，他们都没有因为有过劣迹而受到丝毫的伤害，相反的是，他们还都将它转变为了一个优点，这从肯尼迪后来当选总统和克林顿的事情完全在互联网上披露支持率反而上升就可以得到证实。他们承认自己有过错误，他们就已经将自己人性化了：我们和平常人一样，也会犯错；同时，承认自己有罪，也会赢得人们的同情。而别人这时也乐得做顺水人情。

这是在被动的情况下以退为进的策略。在主动的情况下，由于彻底解决某个问题的时机没有完全成熟，也可以采用这种策略。

清朝康熙皇帝继位时年龄很小，功臣鳌拜掌握了朝中大权，并进而想谋取皇位。康熙十分清楚鳌拜的野心，但他觉得自己根基未稳，准备还不充分，于是索性不问政事，整天与一帮哥们儿“游戏”，以造成一种自己昏庸无知的假象。一次，康熙着便服同索额图一起去拜访鳌拜，鳌拜见皇帝突然来访，以为事情败露，伸手到炕上的被褥中摸出一把尖刀，被索额图一把抓住。直到这时，康熙仍装糊涂说：“这没什么，想我满人自古以来就有刀不离身的习惯，有何奇怪！”康熙此举让鳌拜对他彻底放松了戒备，最后康熙等时机成熟时一举将其擒获，可以说放出长线钓上了大鱼。

政治斗争如此，商界如此，甚至，在我们的平时的工作、做人的各方面都是如此。

改变及努力的价值

环境不会改变，解决之道便是改变自己。

动物园里新来了一只袋鼠，管理员将它关在一片有着一米高的围栏的草地上。

第二天一早，管理员发现袋鼠在围栏外的树丛里蹦蹦跳跳，立刻将围栏的高度加到两米，把袋鼠关了进去。

第三天早上，管理员还是看到袋鼠在栏外，于是又将围栏的高度加到三米，把袋鼠关了进去。

隔壁兽栏的长颈鹿问袋鼠："依你看，这围栏到底要加到多高，才能关得住你？"

袋鼠回答道："很难说，也许五米高，也许十米，甚至可能加到一百米高——如果那个管理员老是忘了把围栏的门锁上的话。"

在过往的岁月中，相信你一定非常努力地追求过，很多东西比如追求财富、名望、爱情、尊严……。

你得到了吗？得到之后，幸福与快乐是否也随之而来？而你是否真的快乐？

问题可能发生于我们的出发点是否正确。大多数人都认为："先让我得到，然后再为快乐操心。"而当他们耗尽心血，使尽手段，终于爬到成功顶峰时，环顾周围，却蓦然发现，自己的家人、朋友、同事竟已被踏在底下，而自己是如此的孤独与不快乐。

或许这时你不禁要问:“我哪里做错了,怎会如此?”而一些从未成功过的朋友,也一直都喜欢问同样的问题。

故事中袋鼠的回答应是最好的答案：如果不将栅门锁好,围栏加得再高也是枉然。

每一个人现在所处的境况,正是以往自己所抱的态度造成的。所以,如想改变未来的生活,使之更加顺利,必得先改变此时的态度。坚持错误的观念,固执不愿改变,恐怕再多的努力,也可能成为枉然。

如果你从未觉得自己成功,或成功后仍不快乐,不妨在此刻思考自己的态度,是否在起始点已有误差？给自己一个好的改变,从而有崭新而快乐的生命历程。

工作的乐趣与价值

找一份自己真正热爱的工作，那么此生一天也不用煎熬了。

一位退休的老人，在乡间买下一座宅院，打算安度晚年。但不幸的是，在这宅院的庭园里，种着一株果实累累的大苹果树。

邻近的顽童，几乎是夜以继日地来"探视"这株苹果树，同时还带来了石头或棍棒。

想安享宁静的老人，玻璃常被击破，有时不堪喧闹会走到庭院中驱赶树上或园中的顽童，而顽童回报老人的，则是无数的嘲弄及辱骂。

老人在不堪其扰之余，想出一着儿妙计。有天，当他如往常一样，面对满园的顽童时，他告诉他们，从明天起，他欢迎顽童们来玩，同时在他们要离去前，还可以到屋子里向老人领取一块钱的零用钱。

孩子们大喜，如往常一样地砸苹果，戏弄老人，同时又多了一笔小小的零用钱收入，故此天天来园中玩得乐不思蜀。

一个礼拜过去后，老人告诉小孩们，以后每天只有五毛钱的零用钱。顽童们虽然有些不悦，但仍能接受，还是每天都来玩耍。

再过一个星期，老人将零用钱改成每天只有一毛钱。孩子愤愤不平，群起抗议："哪有这种事，钱愈领愈少，我们不干了，以后再也不来了。”

从此，庭园中恢复了往日的幽静，苹果树依然果实累累，不再饱受摧残。

聪明的老人为了对付贪心的小孩，在原本只为了兴趣而快乐的事物上加入酬劳，再假以时日，使酬劳逐渐降低，终而使兴趣失去了；原本能够使自己快乐的游戏，也因酬劳的失去，而再也没有任何乐趣可言。

或许不只小孩子是这样，在我们许多的工作上也常能发现这种结果，因为金钱的缘故，而使我们原本热爱的工作失去了魅力。

然后，人们开始诅咒金钱是万恶的，因为加入金钱，而使得单纯的工作兴趣不再有意义。事实上，金钱非善也非恶，贪财才是万恶的根源。

真正犯错的，并不是金钱，而是我们对工作与金钱的态度是否正确；是我们对付出与获得的心态能否达观。

我们可以再一次去审视自己的工作，清楚地分析出自己为何要从事这项工作，而这项工作的最终目的何在。然后回想自己从事这项工作时起初的心愿；紧紧把握住这份心愿，就能不为起伏不定的酬劳所迷惑，从而能从工作中获得最大的乐趣。

莫为金钱所产生的阻碍而使我们原本单纯热爱工作的心态丧失了。时时弄清楚自己的定位，就能在工作及日常生活中获得极大的快乐，而这份快乐，也将为我们带来更多的人缘和更大的财富。

俗气而实际的金钱

你可以成为富有的人，同时你必须真正想要富有，并且立即付诸行动。

有位伟大的民族英雄带领人民揭竿而起，推翻了专制的统治而成立民主政府。国会成立之后，第一项议案便是讨论要在首都中央公园内，为这位民族英雄制作一座铜像。这项议案立即获得全数赞同通过。

其中一位国会议员是这位民族英雄的好友，他等不及会议结束便匆匆赶到民族英雄的家中，向他报告这项好消息。

这位民族英雄听后也是大喜过望，忙问道："真有这么好的事？他们要为我立铜像？你知不知道他们打算花多少预算去建这座铜像？"

他的朋友："据我所知，大约是两亿里拉左右，可真是一笔大数目，不是吗？"

民族英雄连忙道："两亿里拉！太好了，趁他们还没散会，你赶快回去告诉他们。不用建那铜像了，只要盖基座就好，两亿里拉给我，我每天到中央公园去，站在那儿让民众瞻仰就行了。"

如果说连领导革命的民族英雄也喜欢钱，那么，我们这些平凡的人们对金钱的需要，也就不能苛责了。

金钱本身并无善恶之别，而是取决于使用金钱的人如何来运用它。金钱可以购买军火、毒品；同样地也能够用来建造医院、教堂。故而赚取庞大数目的金钱,并不是罪恶;使用金钱来危害大众或造福社会,要看握有金钱资源的人们具备何种的观念。

在成功法则中,购取足够的金钱,也是成功者努力的一项目标。当你充分了解如何运作金钱之后,才配得上拥有财富;否则再多的金钱在手上,也只能如南柯一梦,甚至造成个人心灵的腐败。

所以,在我们踏上成功起点,决心全面改变自己,去赚取更多的金钱之际,先让我们弄懂几项事实:金钱是好的,只要确保它是在好人手中。尚未赚得财富之前,要先订下存钱的目标,否则即使收入丰裕,但开支超过收入,仍是要面对负债。最后,订下你所想要的金钱目标,不用怕数目太过庞大;只要你的用途是正确的,上天即会逐次将你所需的金钱交付于你。

成功取决于态度

你可以为生活而工作；为工作而工作；为理想而工作；三种中必须选择一种。

一位心理学家在研究过程中，为了实地了解人们对于同一件事情在心理上所反映出来的个别差异，他来到一所正在建筑中的大教堂，对现场忙碌的敲石工人进行访问。

心理学家问遇到的第一位工人："请问你在做什么？"

工人没好气地回答："在做什么？你没看到吗？我正在用这个重得要命的铁锤，来敲碎这些该死的石头。而这些石头又特别的硬，害得我的手酸麻不已，这真不是人干的工作。"

心理学家又找到第二位工人，问他："请问你在做什么？"

第二位工人无奈地答道："为了每月五百元的工资，我才会做这件工件，若不是为了一家人的温饱，谁愿意干这份敲石头的粗活？"

心理学家问第三位工人："请问你在做什么？"

第三位工人眼光中闪烁着喜悦的神采："我正参与兴建这座雄伟华丽的大教堂。落成之后，这里可以容纳许多人来做礼拜。虽然敲石头的工作并不轻松，但当我想到，将来会有无数的人来到这儿，再次接受上帝的爱，心中便常为这份工作献上感恩。"

故事中三个工人对于自己那份工作的态度，正反映出人们对于自己人生的看法。而你愿意用哪一种态度来看待自己将来的前程呢？

或许在过去的岁月中，我们时常怀有类似第一位、或第二位工人的消极看法，认为人生就是无尽的苦海，每天只好怀着抱怨活下去；或受困于生活的无奈，为五斗米折腰，一日复一日，过着贫困的生活。

你过去对人生的态度究竟如何，并不重要，毕竟那是已经过去的了，重要的是，你对未来的态度又是如何。

你可以选择如以往一般，继续消极地过下去，每天常常谩骂、批评、抱怨、四处发牢骚，那是轻易而无需学习便可办得到的。问题是，你真的愿意让自己的一生被这些垃圾来填满吗？

还是你愿像故事中的第三位工人那样，怀抱积极乐观的态度；虽然知道自己的工作并不轻松，但却能为更多人所能获得的好处，为自己的辛苦工作献上感恩。

积极思想正如这位工人所传达的，它并不是无可救药的乐观主义，认为凡事在他看来，都是好得不能再好。真正的积极思想者，是能够运用智慧，审慎判断当前的难处，从中找出正面的定义，给予肯定的评价，并从其中看出未来美好的结果，同时为此深深地感恩。积极思想者必须具备能够看清消极面的能力，且拒绝让自己与消极意识共浮沉，愿意以积极的态度迎接更光明的人生。

保持你的思想积极乐观，你已成功了一大半。

思想将成为事实

一个人便是他整天想要做的那一种人。

在欧洲，一位雕刻匠和朋友相约吃饭，朋友见到他的脸色，大惊道："你怎么了，哪里不舒服，生了什么病？"

雕刻匠回想自己终日忙碌，连生病的时间都没有了，全身也没有哪里不适，便回答了他朋友，说自己很好。

他的朋友直摇头："看你的脸色，仿佛大病初愈一般，天晓得你干了些什么事。"

过了大半年之后，雕刻匠又和那位朋友不期而遇，朋友仔细看了看他，又问道："你最近是不是发财了，或是走了什么好运，怎么气色这么好？"

面对这位"面相大师"朋友，雕刻匠真是啼笑皆非，自己的生活还是和半年前一样的忙碌，除了工作地点外，根本没什么改变。

想到工作地点，雕刻匠登时醒悟过来。原来自己半年前是在巴黎圣母院工作，协助修补角楼上那些面目狰狞的恶魔雕像，整日心中所想的，皆是如何能将雕像修补得如原先的丑陋可怖。难怪脸色像生了大病。

而最近这段期间，他则加入西班牙圣教堂的建造行列，为了将教堂外众圣徒的容貌塑造得能表现圣徒的圣洁光辉，更是日夜伤透了脑筋。朋友见了他，竟以为发了什么大财。

古语有云:“相由心生。”林肯也曾说过:“年过四十岁,你就必须为自己的长相负责。”心中所思想,在容貌上呈现出来,是正常的事,也是简单的道理。

许多人最想拥有的,就是所谓“价值百万美元的笑容”,这样的笑容,常出现在许多世界级的超级推销员脸上,例如肯克拉、克莱蒙·斯通等。拥有这样的笑容,等于拥有了百万美元的资产。

如何才能使自己拥有“价值百万美元的笑容”呢?有人说是不断对镜练习而来的,这固然是不错的方法,不过倒也要提防练成一副皮笑肉不笑的嘴脸。

最好的方法应是由心灵做起,培养积极可能的思想,基于付出、挚爱、诚实、善良、温柔、喜乐……正面的情绪。当你想到的是对方的利益,而非自己的益处时,你的笑容已然成型了。

还记得你上次看到婴儿的笑容,是多久以前的事了? 还记得他们是怎么笑的吗?如果你忘了,赶紧去找个婴儿来看看,他们的容貌正符合前面所说的一切条件。

每个婴儿都是积极的,他们对未来充满希望,从未听过有消极的婴儿。如你在今天获得新生,你会是消极的婴儿吗?

最伟大的胜利者

人是为成就，为追求成功而生；他们被赋予成为伟大人物的种子。

这是一场历史上曾记录的世纪大赛跑。参赛的人数打破了所有的纪录，有三亿多人报名参加。比赛的路程艰苦异常，而比赛的结果只取第一名，没有亚军及季军。之所以会有那么多人参加，是因为优胜者可以获得有史以来最大的奖赏。

比赛开始，在第一道关卡的障碍处，便刷掉了大多数的参赛者，一部分人因畏惧障碍而退缩，另一部分人则因无法通过难度极高的障碍而遭淘汰，能过关的只剩下千分之一，也就是30万人左右，他们继续向前跑。

紧接而来的，是一大片绵延无垠的沙漠。根据比赛的规定，参赛者不得携带饮水，只能凭自己的耐力与体力跑完全程。

能通过第一关障碍的跑者，都是千人中唯一的强者，他们在干旱的沙漠上，个个奋力向前，欲争夺最后的胜利。随着时间一分一秒地过去，在沙漠上耗尽体力的选手难以数计，一个接着一个倒下。跑完沙漠全程的只有两三百人，是通过第一道关卡人数的千分之一。

更困难的考验还在前方，沙漠的尽头出现一处双岔路口，完全没有路标的指示。跑者必须凭借自己的智慧做选择，选对了路，尚有一线的希望；选错了，则枉费先前的所有努力，将面对全然的失败。

深具智慧的最后一群选手选择了正确的跑道，他们拖着疲惫的身子，激发出最后的潜能；他们知道自己已然战胜了数亿名失败对手，只要再坚持最后这段路，终将赢得冠军。

终点就在眼前，一名选手鼓起勇气，用尽一切力量，拼命向前冲刺，越过终点线，成为唯一的获胜者。

此刻，举世为他欢呼喝彩，因为他是最伟大的胜利者，获得有史以来最丰盛的奖赏。

故事中的世纪大竞赛，是有史以来最艰巨的比赛，胜利者必须一身兼具勇气、体力、耐力、毅力、智慧、运气，以及潜能的完全激发；而这些特质在每个参赛者身上也都拥有，所以这位胜利者还得要在各方面皆超越为数达三亿以上的参赛者，才能勇夺冠军。

想不想亲眼目睹这位伟大的胜利者？不用怀疑，你可以亲眼见到他(或她)，只要你站到镜子面前。

是的，你就是那位伟大的胜利者，而这场壮观的竞赛，发生在你出生前280天的某一刻。

因为你是最伟大的胜利者，所以你能获得上帝特别为你准备的，有史以来最丰盛的奖赏。这也是我们一直确认你能够成为真正顶尖大师的证据。

不妨让我们思考，在你出生前，你已经具备了一切最完美的条件，且成功地超越了三亿多同辈，而成为唯一的胜利者。在你的身上正拥有这些可以令你胜利成功的无限潜能。

当你充分明了这一点之后，更可以了解，上帝为你准备的丰盛奖赏，正是要你能拥有更加倍成功的人生。

再次唤醒你沉睡的内心，所有足以带领你迈向人生巅峰的成功因子都早已安置在你心里，只要你了解、并开始发挥你的潜能，无需经过任何训练，你将立刻成为成功跑道上的最佳选手；也将成为再次的胜利者。

你是最棒的，你是成功者，你是顶尖的大师。我们不是在告诉你，只不过在提醒你罢了！

环境的造就

或许我们没有能力去创造一个环境，但可以去选择一个环境。

正值赶考时节，有一位秀才欲赴省城大考，偏偏妻子大腹便便，随时可能临盆。留她一人在家中也不能安心，遂带着妻子同行，希望能赶到省城之后才生产。

一路旅途劳顿，也不知是否动了胎气；还是孩子急着想早一刻出来。妻子竟在半途肚子痛了起来，眼看就要生产了。

沿途住家稀少，勉强前行了一段路，才找到一处人家，秀才急忙上前敲门。这户人家以打铁为业，刚巧铁匠的老婆也正要生产。算来也是秀才的运气好，现成的接生婆正好顺道帮妻子接生。

过不多时，秀才的妻子和铁匠的老婆安然产下两个儿子，母子俱皆平安。两个男婴算来竟是同年同日且同一时辰生下的。

16年后，秀才的儿子长大了，也继承父业，考上了秀才。老秀才大喜之余，想起铁匠的儿子与自己的秀才儿子的生辰八字相同，想来此时必定也是个秀才了。

回想当年收容妻子临盆之恩，秀才随即备了四色礼物，专程赶往铁匠家中，欲向他道贺儿子高中之喜。

等到了铁匠家中，只见老铁匠坐在门口吸着旱烟，屋内一个年轻后生，精赤着上身正忙着打铁。秀才将礼物呈上，并问老铁匠的儿子哪里去了。

老铁匠指了指门内，说道：“喏，不就在那儿。哪里也没去啊！”

秀才诧异道：“是他，这可奇怪了。按命理说来，你儿子和我儿子生辰时刻相同，八字也一样，理应此际也该是个秀才方是，怎么会——”

铁匠大笑：“什么秀才，这小子从小跟着我打铁，大字也识不得一个，拿什么去考秀才啊！”

老秀才至此方才大悟，生辰命理作不得准，处于不同环境的际遇，自然也大不相同矣。

这一则故事，提供给我们一个很好的思考方向，决定我们一生成就的重要因素，不是一般所谓的命运，而是每个人身处的环境。

命运的形成多半由于习惯的累积；而习惯则是持续的同一行为所养成的；行为是思想衍生的结果。所以，命运是可以改变的，此刻所面临的命运结局，是过去的思维模式造成。若想将来有更好的命运归宿，可以在现在调整思想的模式，使之往好的方向发展。

有好的思想，就能有好的行为表现；有了好的行为，便能养成好的习惯，好的习惯自然导致良好的命运结果，达到改变命运的目的。

另一项对成就影响巨大的因素，是环境的问题。而我们所处的环境，以个人的力量是难以改变的。

正如故事中秀才与铁匠儿子的际遇大不相同一样，我们知道，一个资质优秀的人，若身处于难以成功的环境中，其成就亦是有限；而一个平庸驽钝的平常人，却置身于成功者之间，且机会无穷，就算他自己想不成功都很难。

环境对于一个人的影响至深至远，我们切勿等闲视之。更必须时时不忘检查自己所处的周围环境，是否能够帮助我们成功，是否充满积极正面的力量，是否存在许多成功者足以带动我们。

环境虽然难以改变，却可以更换。如果你认为自己当下所处的环境无法提供你足以成功的帮助，建议你可以去寻找一个让自己成功的新环境，使自己的潜能得以激发，成功则必然可期。

排山倒海的信心

无论你内心感觉如何，我们都要摆出赢家的姿态。就算你落后了，保持自信的神色，仿佛成竹在胸，会让你心理上占尽优势，而终有所成。

某小国与邻邦的强国交往，双方的冲突与日俱增，威逼使小国的大使与强国首相坐上谈判桌。

双方剑拔弩张，小国大使不惜以开战来威胁强国。

小国大使："我国拥有军车30辆，飞机80架，足以攻击贵国。"

强国首相轻蔑地笑道："我们的军车和飞机数量，要多过你们100倍。"

小国大使仍不示弱，继续恐吓对方："我国有25000人的精良部队，能够占领贵国。"

强国首相大笑："我们拥有的军队，人数多过你们100倍。"

谈判至此，小国大使显露慌张神色，表示必须先向国内请示之后，方能再继续谈下去。

当双方再度展开谈判时，小国大使的态度有了180度的转变，趋向妥协，转为向大国求和。

强国首相诧异对方的改变，以为小国受到己方国力强盛所震撼，故而细问小国大使求和的原因。

小国大使神色自若地回答：“不是我们惧怕你们的兵力；而是我们的国土太小，实在容纳不下250万名的战俘。”

从小国大使的身上，我们看到了无比的自信。

有自信的人，从未想过失败。即使是像这个小国仅拥有少得可怜的兵力，却依然认真考虑战胜后，狭窄的国土是否容纳得下为数众多的敌方战俘。

对自己的内在实力有绝对信心的人，可以克服任何的困难与挫折。他们的眼光，只定位在成功之后能够获得诸多成果；他们的信心正确地引导着他，不去想象失败的凄凉光景，从而得以避开那条满布陷阱的失败道路。

每一位成功者都很清楚一件事，他们相信上帝一定不会创造一件废物在这个世上；他们十分了解上天所赋予他的使命，并坚定地相信，自己必然顺应天命，得以迈向成功的顶峰。

绝对的信心，加上不断的行动，几乎就是成功的公式了，只要秉持这个原则，持续而重复地去运作，所发挥出来的威力及获致的成果，恐怕要在你的想象力之外。

或许我们时常检查自己，只拥有如同小国般稀少的实力。但只要你的信心充足，终将能够掳获强国的所有战俘，并且有足够的疆土，得以收容一切战利品。

自我暗示的无比力量

社会犹如一条大船，人人都应准备好去掌舵。

美国有两位心理学家公开宣称，他们发明了一种绝对正确的智能测验方式。

为了证实他们的研究成果，他们两人选择了一所小学的一个班级，帮全班的小学生做了一次测验，并于隔日批改试卷后，公布了该班五位天才儿童的姓名。

经过20年之后，追踪研究的学者专家发现，这五名天才儿童长大后，在社会都有极为卓越的成就。这项发现马上引起教育界的重视，他们请求那两位心理学家公布当年测验的试卷，弄清其中的奥秘所在。

那两位已是满头白发的心理学家，在众人面前取出一只布满尘埃、封条完整的箱子，打开箱盖后，告诉在场的专家及记者：

“当年的试卷就在这里，我们完全没有批改，只不过是随便抽出了五个名字，将名字公布。不是我们的测验准确，而是这五个孩子的心意正确，再加上父母、师长、社会大众给予他们的协助，使得他们成为真正的天才。”

有人曾经告诉过你，你是一位天才吗？

如果你在幼年时，也像那五名幸运的学童一样，被告知自己是一位杰出的天才儿童。那么,你今天的成就会有什么不同?

或许你对自己的期望与要求会更高:或许你每天愿意多花一个钟头去看书,而不是看电视;或许你会更卖力地投入自己的工作中,以获得更佳的成果。这一切都是你自愿的,因为你是一位天才。

而你的父母、老师又将如何看待你呢?或许他们会更用心、更努力地来教导你;而你周围的朋友、同学、同事们,也将提供你更多协助,充分地帮助你。这一切也是他们自愿的,因为你是一位天才;而他们也有这份使命感来协助你,帮你完成天才与生俱来的责任。

当你知道自己是天才人物之后,自己、父母、老师、亲友的使命感便油然而生,非得将你推上天才的巅峰不可,未达目的誓不罢休。

或许在过去的岁月中,你并未被告知是一位天才,所以不知道自己的使命何在。但就在此刻,在看完这个故事之后,相信你已清楚地明了,自己将是一位大师,一位顶尖的大师,你已被确切地通知了。

所以,不妨放下书来,仔细深思,上天所赋予你的重大使命究竟是什么?

如果通过自己的深思,犹未能有所得,不妨谦卑地祈祷,来了解自己所负的使命,然后站起身来,勇敢地踏出成功的第一步。

挣脱心灵的局限

生命并不是一条直线，而应是像棵树一样，我们之中大部分人必须移植后方能开花。

一个小孩在看完马戏团精彩的表演后，随着父亲到帐篷外拿干草喂养表演完的动物。

小孩注意到一旁的大象群，问父亲："爸，大象那么有力气，为什么它们的脚上只系着一条小小的铁链，难道它无法挣开那条铁链逃脱吗？"

父亲笑了笑，耐心为孩子解释："没错，大象是挣不开那条细细的铁链。在大象还小的时候，驯兽师就是用同样的铁链来系住小象，那时候的小象，力气还不够大，小象起初也想挣开铁链的束缚，可是试过几次之后，知道自己的力气不足以挣开铁链，也就放弃了挣脱的念头，等小象长成大象后，它就甘心受那条铁链的限制，而不再想逃脱了。"

正当父亲解说之际，马戏团里失火了，大火随着草料、帐篷等物，燃烧得十分迅速，蔓延到了动物的休息区。

动物们受火势所逼，十分焦躁不安，而大象更是频频跺脚，仍是挣不开脚上的铁链。

炙热的火势终于逼近大象，只见一只大象已将被火烧着，它灼痛之余，猛然一抬脚，竟轻易将脚上铁链挣断，迅速奔逃至安全的地带。

其他的大象，有一两只见同伴挣断铁链逃脱，立刻也模仿它的动作，用力挣断铁链。但其他的大象却不肯去尝试，只顾不断地焦急转圈跺脚，而遭大火席卷，无一幸存。

在大象成长的过程中，人类聪明地利用一条铁链限制了它，虽然那样的铁链根本系不住有力的大象。

在我们成长的环境中，是否也有许多肉眼看不见的链条在系住我们？而我们也就自然将这些铁条当成习惯，视为理所当然。

于是，我们独特的创意被自己抹杀，认为自己无法成功致富；告诉自己，难以成为配偶心目中理想的另一半，无法成为孩子心目中理想的父母、父母心目中理想的孩子。然后，开始向环境低头，甚至于开始认命、怨天尤人。

这一切都是我们心中那条系住自我的铁链在作祟罢了。或许，你必须耐心静候生命中来一场大火，逼得你非得选择挣断链条或甘心遭大火席卷。或许，你将幸运地选对了前者，在挣脱困境之后，语重心长地告诫后人：人，必须经苦难磨炼方能得以成长。

除了这些人生习以为常的方式之外，你还有一种不同的选择。你可以当机立断，运用我们内在的能力，当下立即挣开消极习惯的捆绑，改变自己所处的环境，投入另一个崭新的积极领域中，使自己的潜能得以发挥。

你愿意静待生命中的大火？甚至甘心遭它所席卷，而低头认命？抑或立即在心境上挣开环境的束缚，获得追求成功的自由？

这项慎重的选择，当然得由你自行决定。

时机需要选择

愚蠢的人等时机，聪明的人创造时机！

有个懒人靠在一块大石头上，懒洋洋地晒着太阳。

这时，从远处走来一个奇怪的东西，它周身发着五颜六色的光，七八条腿一齐运动，使它的行走十分快捷。

“喂！你在做什么？”那怪物问。

“我在这儿等待时机。”懒人回答。

“等待时机？哈哈！时机什么样，你知道吗？”怪物问。

“不知道。不过，听说时机是个很神奇的东西，它只要来到你身边，那么，你就会走运，或者当上官，或者发了财，或者娶个漂亮老婆，或者……反正，美极了。”

“嗨！你连时机什么样都不知道，还等什么时机？还是跟着我走吧，让我带着你去做几件于你有益的事吧！”那怪物说着就要来拉他。

“去去去！少来添乱！我才不跟你走呢！”懒人不耐烦地撵那怪物。

那怪物叹息着离去。

这时，一位长髯老人来到懒汉面前问道：“你抓住它了吗？”

“抓住它？它是什么东西？”懒人问。

“它就是时机呀！”“天哪！我把它放走了。不，是我把它撵走了！”懒人后悔不迭，急忙站起身呼喊时机，希望它能返回来。

“别喊了,”长髯老人说,“你刚才已经把它放弃,让我告诉你关于时机的秘密吧,它是一个不可捉摸的家伙。你专心等它时,它可能迟迟不来,你不留心时,它可能就来到了你面前;见不着它时,你时时想它,见着了它时,你又认不出它;如果当它从你面前走过时你抓不住它,那么它将永不回头,使你永远错过了它!”

“天哪!那可咋办呀,我这一辈子不就失去时机了吗?”懒人哭着说。

“那也未必,”长髯老人说,“让我再告诉你另一个关于时机的秘密吧,其实,属于你的时机不止一个。”

“不止一个?”懒人惊奇地问。

“对。这一个失去了,下一个还可以出现。不过,这些时机,很多不是自然走来的,而是人创造的。”

“什么?时机可以创造?”

“对。刚才的一个时机,就是我为你创造的一个,可惜你把它放跑了。”

“太好了,那么,请你再为我创造一些时机吧!”懒人说。

“不。以后的时机,只有靠你自己创造了。”

“可惜,我不会创造时机呀。”懒人为难地说。

“那么,现在,我教你。首先,站起来,永远不要等!然后,放开大步朝前走,见到你能够做的有益的事,就去做。那时,你就学会了创造时机。”

化腐朽为神奇

在天色仍然晦暗的破晓时分歌唱的鸟，是信心的化身。

有个失业多时的伐木工人，一旦见到报上刊登的征人启示，便兴冲冲地前去应征。

到了应征的地点，林场的工头依例在挑选时要问明应征者的工作经历。

伐木工人回想自己的经历，总是打零工的时候少，失业赋闲的时候多。细想了许久，已决定如何来回答工头的口试。

轮到他时，工头依例问他曾在哪个林场长时间工作过，伐木工人想也没想，立刻回答："撒哈拉丛林。"

工头瞪了他一眼："我只听说过有撒哈拉沙漠，哪里来的撒哈拉丛林？胡说八道。"

伐木工人面不改色地回答："撒哈拉那个地方，原本是丛林，自从我在那边砍过木头之后，就变成一片沙漠了。"

你对自己工作的信心，有没有像这位伐木工人这般地坚定呢？

许多人对自己的工作一直未能产生足够的热诚与动力，主要的问题可能就出在他根本不知道自己为何需要这份工作。如果能像故事中的这位伐木工人一样，迫切地需要一份工作，自然能为自己开出一条路来。

拥有工作是幸福的，美国汽车大王亨利福特曾说："工作是你可以依靠的东西，是个可以终身信赖且永远不会背弃你的朋友。"如果连拥有亿万资财的汽车业巨子，都还如此地热爱工作，那我们似乎也难以找出不喜爱工作的理由了。

如何能够去热爱工作?是每个人都需要了解的课题。首先，你必须对自己有绝对的自信，相信自己必定能胜任这项工作，并且足以驾驭它，能灵活地运用这项工作使自己获得更大的乐趣。

接着，你要真心喜欢你所销售的产品——不论你是不是行销人员。如果你是行政职员，你所销售的是对人群的服务；如果你是母亲，则是销售对孩子的爱。你必须真心喜欢你的产品，如果对产品不了解，去弄懂它；如果对产品存疑，好好求证清楚。然后你将建立起对产品的完整信心，无人可撼动你。

对自己、对产品有了百分之百的信心之后，你要开始行动，不断的行动，采取大量的行动。你将马上发现，此时不但你已热爱工作，工作也会爱上你的。

如果你真能将撒哈拉丛林变成撒哈拉沙漠，不妨想想，将有多少林场迫不及待地想聘用你?有多少客户想向你购买?有多少人想要你当他们的领导者?

建立绝对的信心，运用大量的行动，你将成为人人需要的销售大师——不论你的产品是什么。

别人拿不走的潜能

生在瞎子的国度中，一只眼的人便可做国王。

在遥远的国度里，住着一窝奇特的蚂蚁，它们有预知风雨的能力。而最近蚂蚁们清楚地知道，有一场巨大的暴风雨正逐渐逼近，整窝蚂蚁全部动员，往高处搬家。

这窝蚂蚁之所以奇特，不在于它们预知气候的能力，许多其他动物也具备这样的天赋。它们的特别之处，是整窝蚂蚁都只有五只脚，并不像一般蚂蚁长有六只脚。

由于它们只有五只脚，行动也就没有一般蚂蚁快捷，整个搬家的行列缓慢。虽然面对暴风雨来袭的沉重压力，每只蚂蚁心中都焦急不堪，行动却半点也快不了。

在漫长的搬家队伍中，有一只蚂蚁与众不同，它的行动快速，不停地往返高地与蚁窝之间，来回一趟又一趟，仿佛不知劳累，辛苦地尽力抢搬蚁窝中的东西。

这只勤快的蚂蚁引起了五脚蚂蚁群的注意，它们仔细观察它的动作，终于找出这只蚂蚁动作如此敏捷的关键，它有六只脚。

五脚蚂蚁的搬家队伍整个暂停下来，它们聚在一起，窃窃私语，讨论这只与它们长得不同，行动却快过它们数倍的六脚蚂蚁。

经过冗长的讨论后，五脚蚂蚁们终于达成共识。它们扑上前去，抓住那只六脚蚂蚁，一阵撕咬过后，将它那多出来的一只脚扯了下来。

那只行动迅速的蚂蚁被扯去一只脚，也变成了平凡的五脚蚂蚁，在搬家的行列中，迟缓地跟随大家移动。

五脚蚂蚁们很高兴它们能除去一个异类，增加一个同伴，这时暴风雨的雷声，已在不远处隆隆地响起。

有没有想过，故事中那个遥远的国度，可能就在你的身边！

常常在我们接触到一个新的机会、有了一个好的创意，或是工作得特别进步时，五脚蚂蚁群便会适时出现。他们会告诉你，你得到的机会是陷阱、你的好创意是行不通的，或是提醒你，工作勤奋不一定会有好的报偿。无所不用其极的目的，是想扯去你突然间多出来的一只脚。

尤其是当你正确地运用出你的潜能时，周围类似五脚蚂蚁般的消极意识更会增加，各式各样不可能的思想蜂拥而至，企图要你放弃他们所不懂的潜能，让你恢复成为平庸的一般人。

所幸我们不是六脚蚂蚁，我们是有独立思想的人，也有足够的能力来保护自己多出来的那只脚。因此你可以坚持自己看到的机会、发展自己独特的创意、更勤奋地工作，加倍发挥更大的潜能。或许可以借着你的坚持与努力，在不久的将来，也能将自己多出来的这一只脚，移植在更多人的身上，帮助他们取得成功。

需要提醒你的是，在你发挥自己潜能的同时，更需要有判断的智慧，了解周围对你的反应，是消极的批判还是正面积极的忠告。如果不能具备这样的判断能力，而误将挚友积极的忠告，当成五脚蚂蚁消极的撕咬；如此刚愎自用的后果，恐怕自己也将变成地道的五脚蚂蚁。

不论你多出来的是机会，是创意，是潜能，或是梦想，愿你都能竭力保护它，莫让尚未能拥有它的五脚蚂蚁给咬掉。

上天奇妙的恩赐

每个人都因为他的不可替代性而创造自己的价值，进而使自己成为无限的宝藏。

有一个严厉的主人要到外国去，就叫了仆人来到跟前，按着各人的才干给他们银子。一个给了五千“塔拉”(古犹太银币单位)，一个给了二千，一个给了一千，主人便出国去了。

那个领五千塔拉的仆人，随即拿去做买卖，另外赚了五千；那个领二千的也照样另赚了二千。但那个领了一千塔拉的仆人却去挖了个地洞，把主人的银子埋藏起来。

过了许久，主人回来了，和仆人结账。那个领了五千塔拉的仆人带着赚来的五千，说：“主人，你交给我五千银子，请看，我又赚了五千。”主人很高兴地嘉许他的忠心，让他一同坐下享乐。

那个领二千塔拉的仆人也同样献上银子，获得主人的嘉许。

最后那个领一千塔拉的仆人上前：“主人啊，我知道你是严厉的人，我就害怕，把你交给我的一千银子埋藏在地里。请看，你原来的银子在这里，分毫不少。”

主人：“你这又笨又懒的仆人，既然知道我是严厉的人，就应当把我的银子放到银行里。等到回来时，可以连本带利收回来，怎可将银子埋藏起来？”

主人大怒之余，吩咐左右夺过他这一千塔拉银子，交给那个有一万两银子的仆人，同时道："凡有的，还要加给他，叫他有余；没有的，连他所有的也要夺过来。"

这则故事源自世上最畅销的一本书，该书自发行以来，已不知印行了几十亿本；直至目前，仍以每年上亿本的印刷量在销售中，这本书就是《圣经》。

在《圣经》中，耶稣用这则故事来比喻天国。而我们人生的成功历程，以此则故事来比喻，也有着异曲同工之妙。

塔拉这个字，除了是货币单位外，在英文的字意里，它也有"才能"的意义。

犹如故事中主人按各人能力的不同，分别给仆人五千、二千、一千塔拉的银子。我们每个人也因天赋的不同，而有着各式各样的才能。

有智慧的仆人懂得运用他的银子去赚取更多。我们也可以运用天赋的才能，加以发挥，成就不凡的事业。千万不能因为自己稍不如人，便自暴自弃，如同那个只有一千银子的仆人，将自己的才能埋藏起来。

根据科学家的研究，大多数人终其一生，只使用了2～5%的潜能；也就是说，有95%～98%的潜能，往往在拥有者自己也未知的情形下，随着一个人埋于地下。

举世闻名的物理天才爱因斯坦，经他本人同意，在死后由科学家解剖他的脑部，发现爱因斯坦的大脑皮质部分，确实比常人多用了12%。只是多了12%，爱因斯坦发明的相对论，至今对人类仍有深远的影响。

有没有想过，如果你能将自己的潜能全部发挥出来，对整个世界，会有多大的正面影响？拿掉所有不可能的思想，善用上天赋予你的"塔拉"，充分激发自己的无限潜能，去成就你所想要的伟业。

或许你对故事最后，那句："凡有的，还要加给他，叫他有余；没有的，连他所有的也要夺过来。"会难以认同，认为这主人未免也太严苛了。

事实上，宇宙之间不变的法则本是如此，金钱的拥有、智慧的获得、人格的提升、潜能的运用等等，都是遵循这个法则。所以我们得要停止畏缩抱怨，以积极的思想来面对任何事物，让自己因潜能的发挥，而拥有更多。

记住，"凡有的，还要加给他，叫他有余——"

着力点

全面接受生命给你的幸福，蔑视途中一切障碍。

在一次公开的空手道表演赛中，黑带高手以七段的实力，用手劈开十余块叠在一起的宝心木板，赢得观众热烈的喝彩声。

表演结束后，一位好奇的小男孩到后台找这位空手道高手，请教他是如何做到的。

黑带高手将十余块木板叠了起来，亲切地搭着男孩的肩头，问他："如果你想劈开这叠木板，你的着力点会放在木板的哪里？"

小男孩指着木板的中心部分："这里，我想一定要打在中心点。"

空手道高手笑道："也对，木板架高时的中心点，的确是最脆弱的部分。不过，如果你将着力点放在最上面这块木板的中心，当你的掌缘击中那一点，将遭受同等力道的反击，且将令你的手掌反弹且疼痛不已。"

小男孩不解地问："那究竟该把注意力放在木板的哪个部分？"

空手道高手指着最下面那块木板的下方："这里，把你所有的注意力及着力点，放在整叠木板的下方某一点。当你的注意力只看到木板的下方时，由上而下砍劈的手掌就能轻易地通过每一块木板，而达到你心里所想定的那一点。”

说着，空手道高手右手一扬，又劈开了那叠木板。

空手道高手的一席话，确实是对实现梦想、达到目标的最佳启示。

一般人之所以不成功，正是因为他们永远将注意力放在木板的最上方。于是眼中见到的，只有困难、挫折、不可能，种种的阻碍横在他们的意识中。并非他不能成功，而是他将注意力定在自己所不想要的东西之上。

成功者和一般人的差别在于，他将眼光放在整叠木板的下方那一点。成功者只看到他想要的目标，并不在乎自己是否具备足够的能力去达成。当他真正想要达到那个目标时，便会引导自己透过学习而获得足够的能力，然后通过所有的障碍，正如手掌通过木板一般，成功地达到坚定不移的目标所在。

停止再将意念的能量消耗在你忧虑的事情上。用心地、认真地去凝聚注意力在你真正想要的目标之上。然后，用力一击，马上行动，通过你不断地努力工作，就能达到你的目标。

永不飘移的目标

人类所犯的最危险错误之一，就是忘记自己努力想达成的是什么。

有位哲学博士某次漫步于田野中沉思，发现水田当中新插的秧苗，竟是排列得如此整齐，犹如用尺丈量过一般。

他不禁好奇地问田中工作的老农是如何办到的。

老农忙着插秧，头也不抬地回答，要他自己取一把秧苗插插看。

博士卷起裤管，很快地插完一排秧苗，结果竟是参差不齐，不忍卒睹。

他再次请教老农，如何能插一排笔直的秧苗，老农告诉他，在弯腰插秧的同时，眼光要盯住一样东西，朝着那个目标前进，即可插出一列笔直的秧苗。

博士依言而行，不料这次插好的秧苗，竟成了一道弯曲的弧形，划过半边的水田。

他终于虚心地请教老农，老农不耐烦地问他："你的眼光是否盯住一样东西？"

博士答道："有时，我盯住那边吃草的那头水牛，那可是一个大目标啊！"

老农："水牛边走边吃草，而你插的秧苗也跟着移动，你想，这道弧形是怎么来的？"

博士恍然大悟。这次，他选定远处的一棵大树。

成功的果实如同田里的种苗。你愿意拥有一片纵横排列整齐的漂亮成果，还是参差不齐、扭曲歪斜的结果？

没有大到不能完成的梦想，也没有小到不值得设立的目标。

在开始你伟大志业的起点，懂得确立每一个里程的目标，绝对是极其重要的。

没有目标的人生，或目标不断飘移的人生，所得到的成果正如博士所插的秧苗一般。

明确的目标是梦想实现的阶梯，将你亟须达成的目标列出来、写下来，让它随时出现在你的眼前，出现在你每天看得到的任何事情上，口中念着它，心里想着它，每天至少重复20次以上。

只有朝着确切的目标行动，才有成功的希望。让你的目标进入潜意识中，然后不断地行动，看看会发生什么样的好结果在你身上。

断绝后路

断绝你所有可能之路，才能够保证你渴望追求成功的渴望。

恺撒在尚未掌权之前，是一位出色的军事将领。有一次，他奉命率领舰队前去征服英伦诸岛。

在他检阅舰队出发前，才发现一项严重的问题。随船远征的军队人数少得可怜，而且武装配备也残破不堪，以这样的军力妄想征服骁勇善战的盎格鲁撒克逊人，无异于以卵击石。

但恺撒当下还是决定启程，航向英伦诸岛。舰队到达目的地之后，恺撒等候所有兵丁全数下船，立即命令亲信部属一把火将所有战舰烧毁。

同时他召集全体战士训话，明确地告诉他们。战船已然烧毁，所以大伙儿只有两种选择。一是勉强应战，如果打不过勇猛的敌人，后退无路，只得被赶入海中喂鱼。

另一条路是，不管军力、武器、补给的不足，奋勇向前，攻下该岛，则人人皆有活命的机会。

士兵们人人抱定必胜的决心，终于攻克强敌，而恺撒也因为这次成功的战役，奠下日后掌权的基础。

恺撒的领导智慧，在中国古代也有类似的故事。“破釜沉舟”的确是最能激励人心的方式之一。

大多数成功人士之所以成功，都由于他能够专心致志于他所努力成就的目标上。为了达到目标，他能舍弃一切与他成功之路不相关的事物，眼光只锁定他的目标。

这般强烈的成功意志，对于一般人而言，似乎较为难以具备。故而，我们不妨学习恺撒大帝火烧战船断绝后路的方式，来激励自我能够全力以赴。

建议你将纷乱的思绪暂时放下，静心省思，有哪些事物阻碍在你通往成功的路上？

当你看清所有阻碍你成功的事物，诸如拖延、怠惰、消极意识……，接着你必须有个坚定的决心，先除去所有的障碍物，只要会妨碍你成功的坏习惯，在今天一次将之完全除去。

然后，再断绝你所有可退之路，唯有如此，才能够保证你渴望追求成功的愿望，如同求生的本能一般，那么的迫切而强烈，借由这种本能来引导你走向成功。

如果能确知自己完全无路可退，再怎么怯懦的人，也立刻能成为最英勇的战士，自然地挺起胸膛，去迎向任何挑战，且必将胜利。

你已经完全了解这项成功法则，请问你将采取何种策略来激励自己？得以跨向顶尖大师的宝座。

时时准备

何谓运气？就是先有预备，再碰上机会。

一位老教授退休后，巡回拜访偏远山区的学校，传授教学经验与当地老师分享。由于老教授的爱心及和蔼可亲，使得他所到之处皆受到老师及学生的欢迎。

有次当他结束在山区某学校的拜访行程，而欲赶赴他处时，许多学生依依不舍，老教授也不免为之所动，当下答应学生，下次再来时，只要他们能将自己的课桌椅收拾整洁，老教授将送给该名学生一项神秘礼物。

在老教授离去后，每到星期三早上，所有学生一定将自己的桌面收拾干净，因为星期三是每个月教授例行前来拜访的日子，只是不确定教授会在哪一个星期三来到。

其中有一个学生的想法和其他同学不一样，他一心想得到教授的礼物留作纪念，生怕教授会临时在星期三以外的日子突然带着神秘礼物来到，于是他每天早上，都将自己的桌椅收拾整齐。

但往往上午收拾妥当的桌面，到了下午又是一片凌乱，这个学生又担心教授会在下午来到，于是在下午又收拾了一次。想想又觉不安，如果教授在一个小时后出现在教室，仍会看到他的桌面凌乱不堪，便决定每个小时收拾一次。

到最后，他想到，若是教授随时会到来，仍有可能看到他的桌面不整洁，终于小学生想清楚了，他无时无刻不保持自己桌面的整洁，随时欢迎教授的光临。

老教授虽然尚未带着神秘礼物出现，但这个小学生已经得到了另一份奇特的礼物。

有许多人终其一生，都在等待一个足以令他成功的机会。而事实上，机会无所不在；重点在于，当机会出现时，你是否已经准备好了。

如故事中小学生给我们的启示，自己准备妥当，得以迎接机会的到来，是可以循序渐进而学习的。

在过去的岁月中，或许我们一直在等待成功的机会，而耗去了过往的时光，却等不到机会的出现。从今天起，在等候的同时，我们可以开始做好准备，让自己保持在最佳状态，以便机会出现时，你可以紧紧抓住，不让它溜过。

起初，你可以在每周三准备好，让自己迎接机会的来临，接着是每天、每时、每刻，到最后，就能让自己时刻做好准备，随时可以掌握任何成功的绝佳机会。

在这同时，你也将发现，由于你不断地用心预备，自己所获得的成长竟是如此之大。此刻的你，已然脱胎换骨，不再是昔日那个愿意终其一生等候的人了。

你将蜕变成为翱翔于长空的巨鹰，而机会亦将随时出现在你锐利的眼光之中。

别让别人偷走你的梦

有时候我们的命运像冬日的果树，谁会想到那些枝条会转绿开花，可是我们希望，我们知道它会如此。

美国某个小学的作文课上，老师给小学生的作文题目是："我的志愿"。

一位小朋友非常喜欢这个题目，在他的簿子上，飞快地写下了他的梦想。

他希望将来自己能拥有一座占地1 8公顷的庄园，在广阔的土地上种满如茵的绿草。庄园中有无数的小木屋、烤肉区，及一座休闲旅馆。除了自己住在那儿外，还可以和前来参观的游客分享自己的庄园，有住处供他们憩息。

写好的作文经老师过目，这位小朋友的簿子上被划了一个大大的红"×"，发回到他的手上，老师要求他重写。小朋友仔细看了看自己所写的内容，并无错误，便拿着作文簿去请教老师。

老师告诉他："我要你们写下自己的志愿，而不是这些如梦幻般的空想；我要实际的志愿，而不是虚无的幻想，你知道吗？"

小朋友据理力争："可是，老师，这真的是我的志愿啊！"

老师也坚持："不，那不可能实现，那只是一堆空想，我要你重写。”

小朋友不肯妥协：“我很清楚，这才是我真正想要的，我不愿意改掉我梦想的内容。”

老师摇头：“如果你不重写，我就不能让你及格了，你要想清楚。”

小朋友也跟着摇头，不愿重写，而那篇作文也就得到了大大的一个“E”。

事隔30年之后，这位老师带着一群小学生到一处风景优美的度假胜地旅行，在尽情享受无边的绿草，舒适的住宿，及香味四溢的烤肉之余，他望见一名中年人向他走来，并自称曾是他的学生。

这位中年人告诉他的老师，他正是当年那个作文不及格的小学生，如今，他拥有这片广阔的度假庄园，真的实现了儿时的梦想。

老师望着眼前这位庄园的主人，想到自己38年来，不敢梦想的教师生涯，不禁感叹：“30年来，为了我自己，不知道用成绩改掉了多少学生的梦想。而你是唯一保留自己的梦想而没有被我改掉的。”

美国第三十七任总统威尔逊说：“我们因有梦想而伟大，所有伟人都是梦想家。他们在春天的和风里或是冬夜的炉火边做梦。有些人让自己的伟大梦想枯萎而凋谢；但也有人灌溉梦想，保护它们，在颠沛困顿的日子里细心培育梦想，直到有一天得见天日。这些是诚挚地希望自己的梦想能够实现的人。”

我们每个人在儿时都曾拥有过伟大的梦想。只是不知道在成长岁月中的何时，被改掉了、被偷走了，或因为我们给予的滋养不足，梦想的种子仍深埋在土里，难以发?。

就在今天，找回你真正的梦想，不管过去这段时间里，你曾将它藏在何处，或被改掉，或被偷走，把梦想找回来，并且确信你的梦想必能成真。

或许在找回梦想的同时，你将立即遇到一些专业的偷梦人，他们可能是你的朋友、同事、邻居、甚至是你的父母或配偶；他们会在你兴致勃勃述说你的梦想时，神色郑重地告诉你，那是不可能的；要你脚踏实地好好做事；不要说的比做得多，先做到再来说也不迟。

只要你本来就是脚踏实地的人，只要你紧紧握住梦想时，你可以不用怕这些人的冷嘲热讽，因为他们无法再次偷走你的梦想。而所有企图偷梦人所泼向你的冷水，正足以浇灌你梦想的种子，使之茁壮成长为大树。你可以感谢他们给你的冷水，真心的感恩，因为待你梦想成真之后，你将与他们分享。

心爱的东西不见了，可以再去买；钱没有了，可以再赚回来；唯独梦想，若是被偷走了，就难以再寻觅回来。除非你愿意，否则没有人可以偷走你的梦想。

钱买不到的东西

每个人都能忍受贫穷，却很少能忍受成功与财富。

有位富翁十分有钱，但却受不到旁人的尊重，他为此苦恼不已，每日寻思如何才能得到众人的敬仰。

某天在街上散步时，他看到街边一个衣衫褴褛的乞丐，心想机会来了，便在乞丐的破碗中丢下一枚亮晶晶的金币。

谁知乞丐头也不抬地仍是忙着捉虱子，富翁不由生气："你眼睛瞎了？没看到我给你的是金币吗？"

乞丐仍是不看他一眼，答道："给不给是你的事，不高兴可以要回去。"

富翁大怒，意气用事起来，又丢了十个金币在乞丐的碗中，心想他这次一定会趴着向自己道谢。却不料乞丐仍是不理不睬。

富翁几乎要跳了起来："我给你十个金币，你看清楚，我是有钱人，好歹你也尊重我一下，道个谢你都不会。"

乞丐懒洋洋地回答："有钱是你的事，尊不尊重你则是我的事，这是强求不来的。"

富翁急了："那么，我将我的财产的一半送给你，能不能请你尊重我呢？"

乞丐翻着一双白眼看他："给我一半财产，那我不是和你一样有钱了吗？为什么要我尊重你。”

富翁更急起来道：“好，我将所有的财产都给你，这下你可愿意尊重我了？”

乞丐大笑：“你将财产都给我，那你就成了乞丐，而我成了富翁，我凭什么来尊重你。”

美国心理学家马斯洛认为，人生的追求在心理上是分为五个层次的。最低的层次是生理上的需求，如温饱之类；再则是对安全的需求，如坚固的住所；第三是爱人与被爱的需求；第四是受到尊重的需求；最高的层次则是自我的实现。

故事中的富翁有钱后，亟须别人的肯定与尊重，正符合马斯洛学说所述人的天性。而乞丐的顽强，则更是清楚地点明了金钱与尊重在许多时候是难以画上等号的。

托尔斯泰的名言“金钱与粪尿相同，积聚它便会放出恶臭；然而散布时，则能肥沃大地。”积聚金钱是否会发出恶臭，答案见仁见智，我们不予讨论。但散布财富，的确能够拥有花

香扑鼻的美丽庭院。故事中的富翁若能明了这一点，要受人尊重也就不难了。

马斯洛的五项层次理论，是依序渐进的，也就是说，人必须先有生理上的温饱，才会追求已身的安全……而终至自我的实现。但这并非是绝对的定律，例如，乞丐武训为了兴学筹基金，甘心立下条款，让人打一拳，换得一枚铜板。再利用挨打换来的钱，建立学堂，来教育这些拳击选手的后代，让孩子知书达理，不再迷信暴力。像武训这般，先设立自我实现的目标，再受万世敬仰尊崇的例子，中外皆有许多。

立志自我完善的你，已经完成最高层次，自我实现的目标设立。如何获得金钱、尊重、爱与安全，只是过程而已，只是看你如何去付出金钱、尊重及你对人的挚爱。

向大自然挑战的力量

散发光明有两个方法：或以成为蜡烛为己任，或做个反映烛光的明镜。

世上仅存的植物当中，最雄伟的当属加州的红杉。红杉的高度大约是90米，相当于30层楼以上。

科学家深入研究红杉，发现许多奇特的事实。一般来说，愈高大的植物，它的根理应扎得愈深。但科学家却发现，红杉的根，却只是浅浅地浮在表土而已。

而理论上，根扎得不够深的高大植物，是非常脆弱的，只要一阵大风，就能将它连根拔起，红杉又如何能长得如此高大，且屹立不倒呢？

研究发现，红杉的生长，必定是一大片的红杉林，并没有独立壮大的红杉。这一大片红杉彼此的根紧密相连，一株接着一株，结成一大片；自然界中再大的飓风，也无法撼动几千株根部紧密联结、占地超过上千公顷的红杉林。除非飓风强到足以将整块地皮掀起，否则再也没有任何力量可以动摇红杉分毫。

红杉的浅根也正是它能长得如此高大的原因。它的根浮于地表，方便快速而大量地吸收赖以成长的水分，使红杉得以快速生长。

同时，它也不需耗费能量，像一般植物扎下深根，用扎根的能量来向上成长，是红杉巨大的奥秘。

造物主在世界各地为人们留下成功的启示，要看我们是否能拥有细心的智慧去体会与领悟。

文明的快速的进步，全球化的观念日益发展成为必然的趋势。往日闭门造车，埋首努力扎下深根的观念似乎也必须调整。红杉提供给我们一个很好的方向，让我们广泛地伸出自己的学习触角，和广大的信息网络结合，去吸收更丰富的成功知识及经验，来供应自己赖以迅速成长的养分，而不需耗费能量独自盲目地钻研。

加州红杉的整体成长，共荣共生的观念，也再一次提醒我们，成功不能只靠自己的强大。

成功需依靠别人，只有能帮助更多人成功，你自己才能更成功。如红杉一般根部相连，充分而紧密的合作关系，方能创造屹立不倒的伟业。

如果你尚未壮大，不妨伸出你学习的根，和成功者紧密联结，加入成功、积极的团体，阅读成功者描述的书籍，吸收他们的经验，了解成功者的处理态度，让自己更快速的成长。

只要你熟谙这个借力与合作的诀窍，你很快地将成为成功之林中的雄伟巨木。

长 线

一个人的生命素质和他对卓越的追求成正比，不管他做的是哪个行业。

一位搏击高手参加锦标赛，自以为一定可以夺得冠军。

却不料在最后的决赛上，遇到一个实力相当的对手，双方皆是铆足全力出招攻击、攻击，对打到了半途，搏击高手惊觉，自己竟然找不到对方招式中的破绽，而对方的攻击却往往能够突破自己防守中的漏洞。

比赛的结果可想而知，搏击高手惨败在对方手下，也失去了冠军的奖杯。

他愤愤不平地回去找他的师傅，在师傅面前，一招一式地将对方和他对打的过程，再次演练给师傅看，并央求师傅帮他找出对方招式中的破绽，苦练出足以攻克对方的新招，在下次比赛中，打倒对方，拿回冠军的奖杯。

师傅笑而不语，在地上划了一道线，要他在不能擦掉这条线的情况下，设法让这条线变短。

搏击高手苦思不解，如何能像师傅所说的，使地上的线变短。最后还是放弃继续思考，而请教师傅。

师傅在原先那条线的旁边，又划了一道更长的线，两者相较之下，原先的那条线看来变得短了许多。

师傅开口道："夺得冠军的重点，不在如何攻击对方的弱点。正如地上的长短线一样，只要你自己变得更强，对方正如原先的那条线一般，也就无形中变得较弱了。如何使自己更强，才是你需要苦练的。”

在追求成功的历程中，有无数的问题与障碍等着我们去跨越。而大多数的人们，都喜欢直接找出最速成的方法，正如故事中的那位搏击高手，只想找出对方的破绽给予致命一击；我们也时常习惯于去针对问题，用最简单的方法快速解决问题。

故事中那位师傅提供的方法，给我们另一个思考的方向：有许多问题，不一定要直接找出它的弱点，而给予一针见血的解答。在更多时候，往往只要在知识上、在智慧上，使自己更加倍成长，变得更圆熟，许多以往令你头痛的问题，将可不药而愈，迎刃而解。

全面地努力充实自己，是解决疑难问题的最佳方法；也是能令你迈向成功的简易法则。或许聪明的你认为又是老生常谈。也没有错，的确如此，成功的法则本来就没有新招，自古以来，成功法则一直没有改变。

充实自己，让自己变得更强，是件很好的事。但更值得我们注意的是，如故事中师傅划出更长的那道线，我们知道，长线是由师傅划的，不是自己生出来的。所以，比别人更强，是由大众口中所肯定的，而非出于我们自吹自擂，自认强过任何人的。

每天持续进步，你当然可以变得更强。让自己在智慧、行动上持续进步、不断充实，是成功不变的法则。

积极思想的力量

有一个东西，可使任何事物添上光彩，那就是——好事即将来临的想法。

一位国王的众多大臣之间，有位大臣特别有智慧，而这位大臣也因他的智慧，格外受到国王的宠爱与信任。

智慧大臣拥有一项与众不同的特长，他抱持绝对积极的想法。不论遇上什么事，他总是愿意去看事物好的那一面，而拒绝消极观点。

也由于智慧大臣这种凡事积极看待的态度，的确为国王妥善地处理了许多繁难的大事，因而备受国王的敬重，凡事皆要咨询他的意见。

国王热爱打猎，有次在追捕猎物的意外中，受伤弄断了一节食指。国王剧痛之余，立即招来智慧大臣，征询他对这件断指意外的看法。

智慧大臣仍本着他的作风，轻松自在地告诉国王，这应是一件好事，并劝国王往积极上面去想。

国王闻言大怒，以为智慧大臣在嘲讽自己，立时命左右将他拿下，关到监狱里。

待断指伤口痊愈之后，国王也忘了此事，又兴冲冲地忙着四处打猎。却不料祸不单行，竟带队误闯邻国国境，被丛林中埋伏的一群野人活捉。

依照野人的惯例，必须将活捉的这队人马的首领献祭给他们的神，于是便抓了国王放到祭坛上。正当祭奠仪式开始时，主持的巫师突然惊呼起来。

原来巫师发现国王断了一截的食指，而按他们部族的律例，献祭不完整的祭品给天神，是会受天谴责的。野人连忙将国王解下祭坛，驱逐他离开，另外抓了一位同行的大臣献祭。

国王狼狈地回到朝中，庆幸大难不死，忽而想到智慧大臣所说，断指确是一件好事，便立刻将他由牢中释出，并当面向他道歉。

智慧大臣还是抱持他的积极态度，笑着原谅国王，并说这一切都是好事。

国王不服气地问："说我断指是好事，如今我能接受。但若说因我误会你，而将你下在牢里受苦，难道这也是好事？"

智慧大臣笑着回答："臣在牢中，当然是好事。陛下不妨想想，今天我若不是在牢中，陪陛下出猎的大臣会是谁呢？"

每件事情必然有两面，这位深具智慧的大臣选择了聪明的那一面。

你在看待事物上，比较倾向哪一面呢？

半杯水是半空还是半满，是最常被提出分辨消极悲观与积极乐观看法差异的简单比喻。消极者看到人家给他半杯水，会抱怨"只"剩半杯水；而积极者则乐道"还"有半杯水。

同样的半杯水，你愿意将眼光定位于拥有抑或失去的那一半呢？这个选择对你的一生将有极大的影响。

犹太人是世界上最会赚钱的民族，这或许和他们一向积极乐观的态度有关联。有段犹太俗谚是这样的：

如果断了一条腿，你就该感谢上帝不曾折断你两条腿；如果断了两条腿，你就该感谢上帝不曾折断你的脖子；如果断了脖子，那也就没什么好担忧的了。

积极思想的人对任何事总抱着乐观的态度，即使遇上挫折，积极者也会认为那是帮助他自己的成功大树开始生根、发芽的种子。

凡事都有两面，建议你永远看好的那一面。

如果你还是坚持选择悲观，当然也有其好处，你将会慢慢发现，每件事情当它真正发生时，往往都比你所想的还要好，常会令你喜出望外。

简单处理危机

每个问题都隐藏有解决其自身的线索。如果你对问题探讨得够深入，就能够找出解决的方法。

英国某家报纸曾举办一项高额奖金的有奖征答活动。题目是：在一个充气不足的热气球上，载着三位关系世界兴亡命运的科学家。

第一位是环保专家，他的研究可拯救无数人们，免于因环境污染而面临死亡的噩运。

第二位是核子专家，他有能力防止全球性的核子战争，使地球免于遭受灭亡的绝境。

第三位是粮食专家，他能在不毛之地，运用专业知识成功种植食物，使几千万人脱离因饥荒而亡的命运。

此刻热气球即将坠毁，必须丢出一个人以减轻载重，使其余的两人得以存活，请问该丢下哪一位科学家？

问题刊出之后，因为奖金的金额实在相当庞大，各地答复的信件如雪片飞来。在这些答复的信中，每个人皆竭其所能，甚至天马行空地阐述他们认为必须丢下哪位科学家的宏观见解。

最后结果揭晓，巨额奖金的得主是一个小男孩。

他的答案是——将最胖的那位科学家丢出去。

你比较想将哪位科学家丢出去呢?

这位小男孩睿智而幽默的答案,是否也同时提醒了许多聪明的大人们:单纯的思考方式,往往会比复杂地去钻牛角尖,更能获得良好的成效。

同时值得我们思考的是,在我们从事推销、教育、沟通等引导工作时,我们是不是常常太过于重视自己想法的表达,或着力于事物表面的热切探讨,却忽略了对方的真正需要?

任何疑难问题最好的解决方式,只有一种,就是真正能切合该问题的实际,而非自说自话、迷惑于问题本身的盲目探讨。

所以,往后如遭遇任何困境,我们不妨先仔细想清楚,问题真正的重点何在,对方的需要又是什么。

我们可以通过单纯化的思考,将这种思考的模式,训练成为日常的习惯。经过反复的应用,假以时日,你将不再为问题复杂的表象所困惑,而拥有足够的智慧,得以找出自己能够处理的角度。

当然,你的这项成长,也就有助你在与任何人的沟通上,能够更得心应手,臻至圆满融洽的更新境界。

成功是选择的结果

理想主义者相信眼前利益不足道；讽世者认为长远利益不实际；实在论者相信眼前已做或未做的事，能决定长远利益。

美国钢铁大王安德鲁·卡耐基在未发迹前的年轻时代，曾担任过铁路公司的电报员。

有次在假日期间，轮到卡耐基值班，电报机滴滴答答传来的一通紧急电报，内容令卡耐基几乎由椅子上跳了起来。

紧急电报通知在附近铁路上，有一列货车车头出轨，要求上司照会各班列车改换轨道，以免发生追撞的意外惨剧。

当天是假日，卡耐基找不到可以下达命令的上司，眼看时间一分一秒地过去，而一班载满乘客的列车正急速驶向货车头的出事地点。

卡耐基不得已，只好敲下发报键，冒充上司的名义下达命令给班车的司机，调度他们立即改换轨道。避开了一场可能造成多人伤亡的意外事件。

按当时铁路公司的规定，电报员擅自冒用上级名义发报，唯一的处分是立即革职。卡耐基十分清楚这项规定，于是在隔日上班时，写好辞呈放在上司的桌上。

上司将卡耐基叫到办公室内，当着卡耐基的面将辞呈撕毁，拍拍卡耐基的肩头：

“你做得很好，我要你留下来继续工作。记住，这世上有两种人永远在原地踏步：一种是不肯听命行事的人；另一种则是只听命行事的人。幸好你不是这两种人的其中一种。”

清楚地了解什么是自己该做的，什么又是不该做的。这是所有成功者都需具备的条件。

成功者之所以能够成功，取决于他愿意去做一些失败者所不愿意做的事。反之亦同，失败者之所以导致失败，乃在于他一直在做成功者所不愿意做的事。

要能够清楚地明了什么是该做或不该做的事，首要条件就是必须拥有明确的目标，再则需要清晰的定位，再加上智慧。这样，就可以有正确的判断力，看清自己该做的事情。

一味反抗，不听命行事，以及固执畏缩，只听命行事的人，的确难以成功。真正的成功者，是能运用心中的天平，来取得两者间平衡的人。

当你获得清楚的定位，看清自己该做的任务后，没有别的选择，你必须立即行动。如果自己意识中有任何想拖延的消极思考产生，不妨想想卡耐基若在那一刻有所迟疑，将造成多少人的伤亡？而你的迟疑呢？

是的，你必须立即行动，你很清楚地知道，你的成功，将带给多少人无比的幸福与快乐。